KB043382

이 책을 나의 아버지께 바친다.

# 부모는 아기의 뇌 설계자

뇌과학자가 들려주는 편안한 태교의 비밀

# 부모는 아기의 뇌 설계자

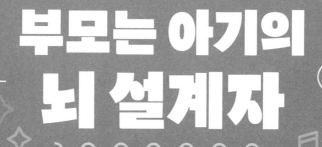

## 뇌과학자가 들려주는 편안한 태교의 비밀

조용상 지음

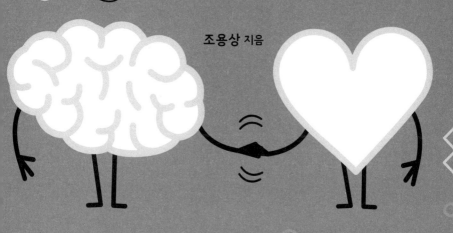

한울림

# Introduction

아이 웃음에는 세상살이의 삭막함, 고단함을 잠시 잊게 하는 특별한 힘이 있다. 이 글을 읽는 여러분은 곧 아이의 웃음과 늘 함께할 수 있는 '특권'을 누릴 수 있게 된다. 아이의 탄생이라는 커다란 기쁨을 아무런 준비 없이 맞는 부모는 거의 없으리라. 여러분도 아이를 위해 무언가를 계획하는 과정에서 이 책을 손에 쥐었을 것이다. 우리는 그것을 '태교'라 부른다.

뇌과학자의 시선으로 보면 태교는 다름 아닌 아기의 뇌를 개발하려는 노력이다. 사람의 성격, 기질, 생각, 인생관 등 인간이 가진 성질은 뇌 신경계의 복잡한 상호작용으로 형성되기 때문이다. 문제는 여기에 선천적 요인이 크게 작용한다는 것이다. 인간의 뇌는 엄마 뱃속에서 시작해 출생 후 24개월까지 약 70퍼센트가 발달하기 때문에 아기는 상당한 뇌 기능을 갖추고 태어난다. 태어난 지 얼마 안 돼 엄마의 표정을 흉내 낼 수도 있고, 뱃속에서 들었던 음악을 잊지 않고 기억할 정도이다.

이와 관련해 흥미로운 일화가 하나 있다. 캐나다 해밀턴 필하모닉 오케스트라의 지휘자인 보리스 브로트Boris Brott는 지휘할 곡의 악보를 보던 중 깜짝 놀랄만한 경험을 하게 된다. 분명 한 번도 들어본 적 없던 음악인데 첼로 파트의 선율이 아주 익숙하게 느껴졌던 것. 심지어 악보를 넘기기 전에 다음 장에서 어떤 선율이 나올지 머릿속에 저절로 그려질 정도였다. 그는 이 신기한 경험을 첼로 연주자였던 어머니께 들려주었다. 그의 어머니 역시 아들의 경험을 신기하게 여겼으나, 그 곡의 제목을 듣는 순간 비밀은 바로 풀렸다. 그 음악은 어머니가 임신 기간 내내 공연을 위해 연습한 곡으로, 공연이 끝나고는 한 번도 연주한 적이 없었다.

엄마 뱃속에서부터 형성되기 시작하는 아기의 뇌는 급속도로 발달하는 특정 시기의 환경이 무엇보다 중요하다. 이 시기를 '결정적 시기'라고 부르는데, 결정적 시기가 얼마나 중요한지는 노벨 생리의학상을 수상한 데이비드 허블David Hubel 과 토르스튼 위즐Torsten Wiesel 의 고양이 실험을 통해서도 알 수 있다.

실험에서 갓 태어난 새끼 고양이의 한쪽 눈을 봉합하고 몇 주 후에 실밥을 제거했는데, 기능적으로 전혀 이상이 없음에도 불구하고 가려진 쪽의 눈이 영구적으로 실명하였다. 그 원인이 무엇일까? 바로 결정적 시기에 시각 자극 결핍으로 인해 시각중추가 발달하지 못해서였다. 다 자란 고양이를 대상으로 같은 조건에서 실험했을 땐 아무런 시력 변화가 없었던 것도 결정적 시기의 중요성을 입증한다.

우리는 흔히 태교를 임신 기간에만 하는 것으로 생각하는데, 이는 잘못된 생각이다. 사람의 일생 중 생리학적으로 가장 중요한 시기는 엄마 뱃속에 있는 기간과 출생 후 24개월이다. 앞에서 말했듯이 이 기간이 뇌 발달에 있어 결정적 시기이다. 따라서 아기가 태어난 뒤에 태교를 그만두는 것은 끝까지 완주하지 않고 중간에 그만두는 마라톤과 같다.

태교 기간과 더불어 또 한 가지 짚고 넘어갈 것은 태교의 초점이 어디에 맞춰져 있느냐이다. 태교 기간(임신을 계획한 순간부터 생후 24개월) 아이의 뇌 발달에 가장 큰 영향을 미치는 것은 바로 엄마의 감정 상태이다. 사람의 뇌는 태어날 때 완벽히 갖추어 있지 않고, 주요 뇌 부위와 신경회로만 형성된 채 환경에 의해서 그 구조와 기능이 영향을 받는 '경험 의존적' 발달을 한다. 날씨와 온도, 토양에 따라 세계 곳곳에 지어진 집들의 구조와 모양이 서로 다르듯이 우리의 뇌도 생성 당시 환경에 맞춰 설계가 이루어지며 완성된다. 이때 가장 큰 영양분이 되는 것이 하루하루 엄마가 느끼는 감정이다.

엄마의 아주 작은 행동도 아기의 뇌 발달과 성격 형성에 영향을 줄 수 있으며, 특히 엄마와 아기 사이의 소통은 양쪽 모두의 변연계(감정을 담당하는 뇌 영역)에 큰 영향을 끼친다. 따라서 이 시기에 엄마와의 감정적 소통이 제대로 이루어지지 않으면 아기의 감정조절 능력 또한 제대로 발달하지 못한다. 행복한 엄마의 감정 상태는 아기에게 최상의 뇌를 만들어줄 수 있는 비옥한 토양이 되지만, 반대로 엄마가 스트레스에 시달려 만성적으로 우울하거나 불안한 경우 흡연이나 음주보다 태아에게 더 안 좋은 영향을 끼칠 수도 있다.

태교의 사전적 의미는 '아이를 밴 여자가 태아에게 좋은 영향을 주기 위하여 마음을 바르게 하고 언행을 삼가는 일'이다(국립국어대사전). 사전적 의미를 곧이곧대로 받아들이면 '아이를 밴 여자'='태교는 엄마가 하는 것', '태아에게 좋은 영향을 주기 위하여'='태교의 주인공은 아기이고, 아기가 엄마 뱃속에 있을 때 하는 일'이라고 생각하기 쉽다. 이 정의가 사전에 등록된 지도 20년이 넘었다. 이제 태교의 정의가 바뀌어야 한다.

태교는 막연한 개념이 아닌 예비 엄마 아빠가 건강하고 행복한 아기를 위해 실천해야 하는 아주 구체적인 행동의 모음이다. 임산부 혼자 하는 노력이 아닌, **임신을 계획한 순간부터 출산 후 24개월까지 엄마 아빠의 편안한 감정 유지와 건강한 부부관계를 위해 온 가족이 함께하는 일련의 노력**이어야 한다.

이 책은 태교 기간 부모가 어떻게 아기의 뇌 발달에 영향을 주는지, 아기를 위한 최적의 환경을 어떻게 만들어줄 것인지에 대한 방법을 구체적으로 제시한다. 아울러 태교에 있어서 왜 부모의 감정 상태가 중요한지, 감정 건강을 지키려면 어떻게 해야 하는지를 수백 편의 학술논문과 전문 서적을 바탕으로 과학적 근거를 들어 이야기한다. 특히 뇌과학자이자 음악신경과학자로서 예비 엄마 아빠의 감정 건강과 아기의 뇌 발달에 도움이 되는 노래들로 엄선한 100곡의 태교음악은 태어날 아기를 기다리는 여러분에게 특별한 선물이 될 것이다.

기나긴 세월 속에 지구상에 잠시라도 존재했던, 또 앞으로 있을 그 많은 사람 중에 생각이나 성품이 똑같은 사람은 단 한 명도 없다. 내 퍼스낼리티와 친구의 개성, 아버지의 자상함과 옆집 할아버지의 괴팍함은 어쩌면 그다지 특별한 것이 아닌, 단지 우리 뇌의 구조가 조금씩 각기 다름을 말해줄 뿐이다. 또한 그것은 뇌 발달을 위한 결정적인 시기를 그만큼 다양하게 보냈다는 증거이기도 하다.

앞으로 태어날 당신의 아기가 건강하게, 별 탈 없이 행복한 인생을 살아가길 원하는가? 그 일의 시작은 오직 당신만이 할 수 있다.

당신은 한 인간의 뇌 설계자이기 때문이다!

조용상

# Contents

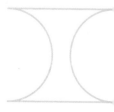

## 3장 태교의 핵심은 스트레스 관리에 있다

1장

아기 머리와 기질은
부모가 만든다

# 부모는 아기의 뇌 설계자

"나는 이 작은 사람들을 좋아하네. 신으로부터 막 우리에게 온
이들이 우리를 사랑한다는 것은 사소한 일이 아니라네."

찰스 디킨즈 《오래된 골동품 상점》

같은 해에 태어났어도 한국인의 나이는 다른 나라 사람
보다 한 살이 더 많다. 왜 우리나라만 셈법이 달라서 헷갈
리고, 더 나이든 기분이 들게 하는지 의문일 때도 있지만
뇌 과학자의 시선에서 보면 이 계산법은 옳다. 우리 뇌는
이미 엄마 뱃속에서 아주 빠른 속도로 성장하며 인생을
시작하기 때문이다.

사람의 뇌는 엄마 뱃속에서부터 출생 후 24개월까지 급격히 발달한다. 그래서 이 시기를 뇌과학자들은 결정적 시기라고 부르는데, 이 시기에 형성된 뇌는 평생에 걸쳐 그 사람의 기질과 성격을 좌우한다. 이 시기 뇌 형성 과정에서 환경의 영향은 그야말로 막대한데, 사용자에 따라 설정이 달라지는 스마트폰을 생각하면 이해가 빠르다.

새 스마트폰을 쓸 때 하드웨어와 기본적인 소프트웨어는 단말기에 깔려 있지만, 그 외에 필요한 앱은 사용자가 별도로 설치한다. 쓰는 사람의 취향과 라이프스타일, 관심사 등을 반영해 다양한 앱들로 스마트폰이 채워진다. 사람의 뇌도 이와 비슷하다.

날 때부터 모든 뇌 신경계와 구조를 완벽히 갖추고 태어나는 게 아니라 주요 뇌 부위와 신경회로만 형성된 채 세상으로 나온다. 태아 때와 마찬가지로 외부 환경에 반응하며 경험에 의해 구조와 기능이 영향을 받는 '경험 의존적' 발달을 한다. 유전적 요인만으로는 이상적으로 작동하는 신경 시스템을 구성하기 어려우므로 뇌의 중추신경계가 환경 자극에 맞추어 대응하고 조정하여 생존력을 높이는 것이다.

동물 다큐멘터리를 보면 코뿔소나 얼룩말은 태어난 지 얼마 안 돼 금방 뛰어다닌다. 하지만 인간은 걷고 뛰려면 훨씬 많은 시간이 소요된다. 인간의 두뇌는 경험 의존적 발달을 하기 때문이다. 시간이 오래 걸리는 대신에 사람은 사막이든 영하 20도의 추운 환경이든 어느 곳에서나 적응해서 살 수 있다. 하지만 그 환경에 맞게 프로그래밍된 두뇌를 지니고 태어난 코뿔소나 얼룩말은 전혀 다른 환경에서는 적응해서 살아남기 어렵다.

임신 기간 태아의 뇌는 굉장히 빠른 속도로 발달하며 역동적이고 복잡한 과정을 거친다. 분당 25만 개의 신경세포가 생성된다고 하니, 그야말로 엄청난 속도다. 아기의 뇌는 우리가 생각하는 것보다 훨씬 똑똑해서 성인의 거의 2배에 달하는 신경세포 덕분에 무엇이든 굉장히 빠르게 배울 수 있다.

태어날 때 아기의 신경세포는 약 2500개의 다른 신경세포들과 연결되어 있는데(시냅스), 이 연결은 생후 8개월쯤에 최고조에 이르러 각각의 신경세포에 약 1만 5000개의 신경세포가 연결되어 총 시냅스는 약 1000조에 이른다. 만약 1초에 1개를 센다고 가정했을 때 모든 시냅스를 세는

데 자그마치 3000만 년이란 시간이 걸리는 엄청난 수이다. 그런데 이 어마어마한 신경세포의 연결은 평생 유지되지 않고, 가지치기를 한다. 사용되는 신경세포의 연결만 살아남고 그렇지 않은 것은 사멸한다. 이 가지치기는 열 살쯤 마무리되는데, 성인의 신경세포 수와 비슷한 1000억 개에 가까운 신경세포만 살아남는다.

아기의 신경세포가 성인보다 거의 2배나 많은 이유는 결정적 시기에 수많은 외부 자극을 받아들여 더 많은 신경세포를 연결하기 위함이다. 아기의 뇌는 외부 환경에 반응하며 신경회로를 형성한다. 이를 위해 충분한 신경세포를 상비하고 있어야 한다. 축구에 비유하자면, 시합에는 11명의 선수만 뛰지만 다치거나 제 기량을 발휘하지 못하는 선수를 대신할 후보 선수들을 벤치에 대기시켜 놓는 것과 같다.


흔히 좋은 머리는 타고난다고 생각하는 사람이 많은데, 과학적으로 유전적 인자는 30퍼센트 정도에 불과하다고 알려져 있다. 나머지는 자궁 환경과 출생 후 2년간 아기가 노출되는 환경에 의해 거의 좌우된다. 그중에서도 부모의 애착행동이 결정적 요인으로 작용한다. 세계보건기구 WHO 의 보고서에서 '엄마와 아기 모두가 만족과 즐거움을 찾는 따뜻하고, 친밀하고, 지속적인 관계'라고 기술할 만큼 애착관계는 상상 이상으로 아기의 뇌 발달과 성격 형성에 지대한 영항을 미친다. 다른 사람과 소통하고 관계를 맺는 방식, 사회성과 공감능력 발달의 기틀을 마련하기 때문이다.

애착관계에 기반한 감정 소통은 특히 아기의 우측 뇌, 그중에도 감정과 관련된 부위인 변연계[1] 발달과 관련이 깊다. 엄마와 아기의 우측 뇌가 감정 소통을 통해 서로 동기화되면 아기 중추신경계의 조절 능력이 발달하고 신경세포의 연결이 활성화된다. 이 메커니즘을 미국 UCLA 의과대학의 앨런 쇼어 Allan Schore 교수가 잘 밝혔다.[2]

---

1   변연계는 여러 감각 자극을 통해 슬픔, 기쁨, 분노 등 다양한 감정의 생성이 이루어지는 부위이다.

2   Effects of a secure attachment relationship on right brain development, affect regulation, and infant mental health (2001)

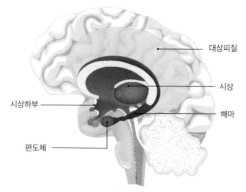

대상피질

시상

해마

시상하부

편도체

뇌의 주요 감정 영역

변연계의 주요 기능은 감정 처리이다. 변화하는 환경에 대응하는 능력도 변연계에서 담당한다. 우뇌는 감정처리, 감정조절과 함께 애착관계를 관장하는 부위로 생존과 직결된 기본 기능과 스트레스 대응시스템 활성화에 있어 매우 중요한 영역이다. 최근에는 새로운 것을 배우는 학업 능력과도 긴밀하게 연결되어 있다는 사실이 밝혀졌다.

결정적 시기에 아기가 어떤 경험을 하느냐에 따라 감정 조절 능력과 스트레스 대응시스템 조절 능력이 프로그래밍되고, 나중에 스트레스에 어떻게 반응하는지가 결정된다. 만약 이 시기 부모와의 애착관계 형성에 문제가 생긴다면, 아기는 자라서 사소한 일에도 민감하게 반응하는 몹시 예민한 스트레스 대응시스템을 갖추고 태어나기 쉽다. 그렇기에 부모가 아기의 뇌 설계자라는 말에는 조금의 과장도 없다.


## 애착관계와 아기의 뇌

부모와 아기 사이의 강력한 감정적 유대는 아기가 태어난 그 순간부터 시작될 것 같지만, 실제로는 엄마 뱃속에 있을 때부터 형성된다. 올바른 애착관계가 형성되려면 아기와 감정을 공유하고 아기에게 필요한 것이 무엇인지 이해할 수 있어야 하는데, 이를 위해선 태아애착이 먼저 이루어져야 한다.

태아애착은 부부에서 부모로 역할이 옮겨가면서 자연스럽게 뱃속 아기를 보호하고 사랑하는 마음이 싹트면서 시작된다. 태아와 감정적으로 연계되며 애정 어린 행동을 하게 되는 것이 바로 태아애착이다. 곧 태어날 아기의 모습을 상상하면서 임신 기간 건강에 힘쓰고, 아기에게 편안함을 주려고 노력하고, 아기 방을 꾸미는 등의 행동으로 나타난다.

태아애착은 대개 임신 10주부터 시작되어 16주에 이르러 깊어지는데, 이런 행동은 부모 역할에 대한 자신감을 높여주고, 임신 중 불안감을 낮춰준다. 출산 후에는 산후우울증 완화에도 도움이 되고, 아기와의 교감을 강화해 아기를 더 잘 돌볼 수 있게 해준다. 태아애착이 높고 감정적 유대가 깊을수록 육아 민감성이 높아지기 때문에 효과적인 육아가 가능해진다.

태아애착은 아기의 기질과도 강한 연관이 있다. 태아애착이 잘 형성된 경우 아기의 기질이 예민하거나 까탈스럽지 않고, 새로운 사람을 만날 때도 긍정적으로 반응하며 낯선 환경에도 높은 적응력을 보인다. 반대로 태아애착이 낮을 경우 아기가 심하게 울거나 잘 진정되지 않는 영아산통이나 성장지연 등의 증상이 나타나기도 한다.

1950년대 후반까지만 해도 애착관계의 원동력은 엄마가 아기에게 영양을 공급해주는 데 있다고 여겼고, 행동심리학자들은 아기가 영양 공급을 위한 생물학적 욕구 때문에 엄마와 애착관계를 맺는다고 생각했다. 당시 미국에서는 우는 게 아기의 폐 기능에 도움이 된다고 생각해서 아기가 아무리 울어도 안거나 달래지 않았다. 아기와의 스킨십도 지금처럼 친밀하지 않았다.

그러나 미국 심리학자인 해리 할로우 Harry Harlow 박사의 유명한 원숭이 실험을 통해 애착관계가 단순한 영양 공급에 기반한 것이 아니라는 사실이 밝혀졌다. 이 실험은 태어난 지 얼마 안 된 새끼 원숭이에게 두 가지 엄마 모형을 제시하고, 새끼 원숭이가 어떤 반응을 보이는지 알아보는 실험이었다. 한쪽에는 '철사로 만든 우유가 나오는 엄마' 모형을 넣어주었고, 다른 한쪽에는 '부드러운 헝겊으로 만든 우유가 나오지 않는 엄마' 모형을 넣어주었다. 새끼 원숭이가 생존을 위한 선택을 할 것이란 예상과 달리 실험 결과 원숭이가 선택한 것은 우유가 나오지 않는 헝겊 엄마였다.

새끼 원숭이는 우유를 먹을 때를 제외하고는 헝겊 엄마와 '접촉'하며 대부분의 시간을 보냈다. 우유를 먹을 때조차 몸은 헝겊 엄마 쪽에 붙인 채 상체만 움직여 우유를 먹었다. 갑자기 큰 소리가 나거나 낯선 물체가 등장하는 무서운 상황이 연출됐을 때는 더 헝겊 엄마에게 달라붙었다.

철사 엄마와 헝겊 엄마
(Harlow & Zimmermann 1958)

헝겊 엄마에게 매달리는 새끼 원숭이
(Harlow 1959)

낯선 물체(곰 인형)가 다가오자
헝겊 엄마 품으로 도망가는 모습
(Harlow & Zimmermann 1958)

안정을 되찾은 후 곰 인형을 관찰하는 모습
(Harlow & Zimmermann 1958)

이런 실험 결과는 애착행위 중 하나인 접촉을 통해 안정과 위안을 얻는 접촉위안contact comfort, 즉 애착행위가 생물학적 욕구를 넘어선다는 사실을 보여준다.

원숭이 실험이 우리에게 전하는 메시지는 분명하다. 피부 접촉을 포함한 엄마와 아기의 애착은 상상 이상으로 중요한 의미를 지닌다는 것이다. 이 감정적 유대관계는 단순히 아기에게 위안을 주는 데에서 그치지 않고, 아이의 원만한 성격 형성과 사회성 발달에도 큰 영향을 미친다.


## 애착관계를 강화하는 방법

엄마의 불안감을 낮춰주고 태아와의 애착을 높이는 방법에는 어떤 것이 있을까? 가장 기본적인 방법은 긍정적 인간관계 형성과 사회적 지지이다.

수십만 년 전 집단 속에서 함께 사냥하고, 함께 어울리며 생존해온 우리의 뇌는 늘 다른 사람들과의 연계를 요구한다. 긍정적이고 의미 있는 사회적 지지는 건강한 뇌에 필수 요소라 할 수 있다. 쉽게 말해 사회적 지지는 내가 좋

아하고 신뢰하는 사람들과의 긍정적 교류라고 생각하면
되는데, 이 교류가 임신 기간 스트레스 상황에서 보호막
역할을 해준다.

임신 기간 엄마가 가까운 사람들과의 사회적 지지를 인
지하고 있는지는 태아와의 감정적 유대관계가 좋아질지
아닐지를 가늠하는 좋은 예측 인자이다. 사회적 지지가
강하다고 느낄수록 태아애착이 강해지고, 출산 후 아기와
의 애착관계에도 도움이 된다. 반대로 사회적 지지가 약
한 경우 임신 중 우울감을 더 많이 느끼고, 출산 후 아기
와의 애착관계도 약해진다. 따라서 임신 전부터 사회적
네트워크를 형성하고 유지하는 게 중요하다.

사회적 네트워크라 하면 흔히 메시지 앱이나 소셜미디
어 등 온라인상의 대인관계를 떠올리기 쉬운데, 사실 온
라인상에서 얼마나 많은 사람에게 인기가 있고, SNS 속
얼마나 많은 팔로워가 있는지는 스트레스 상황에선 별 도
움이 되지 않는다. 온라인상의 사회적 네트워크는 오히려
내면의 외로움을 부추기는 경우도 많기 때문이다. 그보다
는 '나'와 가깝게 연결되어 있다고 느끼는 사람이 얼마나
있는지가 더 큰 의미가 있다.

가족, 친구, 동료 등 다양한 사회적 지지자 중에서도 임산부에게 가장 중요한 원천은 당연히 배우자다. 배우자의 높은 감정적, 물리적 지지는 임산부에게 큰 힘이 되고 아기와의 애착 형성에도 긍정적인 영향을 준다. 배우자를 포함한 가까운 사람들의 사회적 지지는 스트레스와 고립감을 완화해주고, 엄마로서의 역할 이행도 더 순조롭게 해준다. 그런 의미에서 태교에 있어 아빠의 기여도는 엄마만큼이나 높다고 할 수 있다. 사회적 지지의 중요성은 한두 마디로 끝날 것이 아니라서 4장에서 따로 자세히 다루겠다.

사회적 지지 말고도 태아와의 애착을 형성하는 방법은 많지만, 그중에서도 누구나 손쉽게 할 수 있는 방법 두 가지를 소개하면, 바로 '태아 초음파 사진 보기'와 '태아 움직임 세어보기'이다. 사실 임신 초기에는 엄마가 된다는 사실을 실감하기 어렵다. 그럴 때 초음파 사진을 보면 태아의 존재를 시각적으로 확인할 수 있어 뱃속 아기의 존재를 더욱 생생하게 느낄 수 있다. 아기와 연결되어 있다는 느낌은 예비 엄마의 불안감도 낮춰줄뿐더러 태아와의 강한 애착관계 형성에도 긍정적 영향을 미친다.

태아의 움직임을 세어보는 일 역시 태아의 존재를 확인하고, 모성 본능을 자극해 뱃속 아기와의 교감을 증진하는 데 도움이 된다. 태아 움직임에 집중할수록 애착관계역시 잘 형성되기 때문이다. 이 외에도 복부를 만져보며아기의 위치를 느껴보고, 말을 건네는 것도 태아와의 애착관계 형성에 도움이 된다. 어떤 방법이든 간에 엄마 건강과 태아의 성장발달이 긴밀히 연계되어 있다는 자각이뱃속 아기와의 교감을 강화한다.

# 엄마 아기 사이 특별한 감정의 끈

"여성의 모든 감정이 말라버릴지라도
가슴 한편에는 사랑하는 소중한 아이를 위해
언제나 밝게 미소 짓는 모성이 남아있다."

알렉상드로 뒤마《몬테크리스토 백작》

임신과 출산은 매우 기쁜 일임과 동시에 신체적, 정신적
으로 큰 변화를 겪는 시기여서 스트레스와 불안감을 동반
하기 쉽다. 이때의 불안감은 태아와의 감정 소통을 위해
쓰여야 할 엄마의 감정적 자원을 빼앗아가기 때문에 아기
뇌 발달에도 좋지 않은 영향을 준다.

우울한 엄마는 아기와의 소통과 신체적 접촉이 줄어들기 마련이고, 아기의 표현에 덜 반응하고, 그마저도 부정적인 경향을 보이기 쉽다.

엄마의 감정 상태는 아기 뇌 발달뿐만 아니라 공감능력에도 영향을 미친다. 한 실험에서 우울 증세가 있는 엄마에게서 태어난 아기와 그렇지 않은 엄마에게서 태어난 아기, 이렇게 두 그룹으로 나눈 뒤 다른 아기의 울음소리를 들려주었다. 그 결과 우울 증세가 없는 엄마에게서 태어난 아기는 젖을 빠는 횟수가 줄어들고 심장박동 역시 느려졌지만, 우울한 엄마에게서 태어난 아기는 별다른 변화가 없었다.

엄마와의 애착관계가 중요한 시기에 공감능력이 제대로 형성되지 못한 아이는 커서도 공감능력에 문제가 생길 수 있다. 따라서 아기의 뇌 발달과 공감능력 신장을 위해서라도 임신 기간 스트레스와 불안에서 벗어날 수 있도록 엄마 스스로 행복감을 높이는 일을 최대한 자주 하는 게 좋다.

## 무한 애정이 가능한 이유

  자식에 대한 엄마의 사랑은 지구상에서 가장 아름답고 숭고하다 해도 지나침이 없을 것이며, 그렇기에 오랫동안 수많은 음악과 미술, 문학작품의 주제로도 쓰여 왔다. 모성은 한 치의 흔들림이 없고 세월이 가도 변함없거니와 여성을 한없이 부드럽게, 또 때로는 한없이 강하게 만들기도 한다. 클림트의 그림 〈엄마와 아기〉를 보라. 아이를 품에 안고 어르는 엄마의 얼굴만큼 자신감과 부드러움이 공존하는 표정을 찾아보긴 힘들다.

  엄마와 아기의 감정적 유대관계는 세상 그 어떤 관계보다 강력하고, 조건 없이 베풀며, 헤아리기 어려울 만큼 깊은 사랑이 된다. 유사한 예를 찾아보기 힘든, 이 특별한 애정의 근원을 뇌과학적 관점에서 살펴보면 진화의 목적과 깊은 관련이 있다. 사랑하는 마음이 있어야 아기를 보호하고, 잘 돌보려는 마음이 생긴다. 즉, 종족 보존을 위해 엄마와 아기 사이의 강력한 유대관계는 필수 불가결한 요소인 것이다.

엄마와 아기(1905)
구스타프 클림트(Gustav Klimt)

엄마가 아기에게 하는 애착행동은 뇌의 보상회로[3]와 깊은 연관이 있다. 뇌의 특정 호르몬(바소프레신, 옥시토신)과 보상 관련 신경 시스템이 엄마가 아기와 애착관계를 형성하고 지속하도록 돕는다. 엄마가 애착행동을 할 때마다 뇌의 보상 관련 부위가 활성화되어 엄마와 아기 모두에게 즐거움을 느끼게 해주는 것이다. 이 시스템에는 특히 이 두 가지 호르몬의 수용체가 고밀도로 분포되어 있어서 애착행동에 있어 중요한 역할을 담당한다.

엄마의 무한 애정이 가능한 이유 역시 뇌의 메커니즘과 관련이 있는데, 아기와의 감정적 유대관계가 뇌의 부정적인 감정회로를 억제하기 때문이다. 이 감정의 끈은 사회적 판단에 관여하는 뇌 신경회로 역시 억제해 자녀의 말과 행동에 엄격한 잣대를 들이대지 못하게 만든다.

간혹 출산 후 아기가 예뻐 보이지 않는다거나 모성애가 생기지 않아 고민이라는 엄마들이 있는데, 뭔가 엄마한테

---

3  맛있는 음식, 성행위 등 우리가 생존이나 종족 유지와 관련해 어떤 행동을 할 때 느끼는 즐거운 감정은 보상 효과와 연결되어 그 행동을 반복하도록 동기를 부여한다. 우리 뇌의 보상회로는 이러한 보상을 추구하는 행위를 경험할 때 활성화되는 뇌 부위를 말하는데, 운동조절, 감정, 동기부여, 보상 등에 관여하는 신경전달물질(도파민)을 분비해서 즐거움을 느끼게 한다.

문제가 있어서가 아니다. 여기에는 과학적인 이유가 있다. 원래 아기를 낳자마자 모성애가 넘치는 경우는 상당히 드물다. 오래전 수렵 생활을 하던 시절에 아기가 태어나면 여러 질병으로 죽는 경우가 많았고, 생후 6개월은 지나야 살아남을 확률이 높았다. 만약 아기를 낳자마자 모성애가 들끓었다면 아기의 죽음은 매번 부모가 감당하기 어려운 슬픔이었을 것이다. 이런 까닭에 출산 후 바로 모성애가 생기지 않고, 생후 6개월 정도는 지나야 모성애가 생기는 것으로 학자들은 추측한다. 이렇듯 모성애가 늦게 생기는 것은 진화와 관련된 탓이니 너무 고민할 필요는 없다.

아이를 돌보는 데서 오는 스트레스 역시 모성애 형성을 방해하는 요인이 된다. 아기를 낳으면 엄마는 해야 할 일이 갑자기 늘어난다. 아기의 쉴 새 없는 무언의 요구를 충족시켜 줘야 하고, 때맞춰 젖을 먹이는 등 임신 전에 비해 엄청나게 많은 일을 해야 한다. 기억해야 할 일도 많고 새로 익혀야 할 일도 많아 평소보다 높은 인지능력이 요구되는데, 신기하게도 아기를 낳은 엄마의 인지기능도 이에 부응하여 함께 높아진다. 이는 동물도 마찬가지이다.

새끼가 태어나면 안전하게 식량을 저장하고 물을 마실수 있는 장소를 찾아내 기억해야 하는 등 전에 없던 부담이 생기는데, 이 때문인지 동물 역시 새끼를 낳은 뒤 인지능력이 높아진다.[4] 문제는 출산 후 일시적으로 높아지는 엄마의 인지능력도 동시다발적으로 생기는 복잡한 스트레스 상황에 대처하기엔 역부족이란 사실이다.

## 엄마와 아기의 감정 소통

갓난아기는 후각, 촉각, 미각 등의 감각과 운동능력을 통해 외부 환경과 교감한다. 생후 2개월이 지나서는 사회적, 감정적 교감능력이 현저히 높아지고, 시각중추가 크게 발달한다. 이 결정적 시기에 엄마의 감정 표현이 가장 중요한 자극이 되기 때문에 아기는 엄마의 표정, 시선, 목소리의 미세한 변화에도 아주 민감하게 반응한다.

---

4  쥐를 대상으로 한 실험에서 새끼를 낳은 엄마 쥐 뇌의 신경회로에 변화가 일어나 학습능력과 기억력이 향상되었음이 증명됐고(Kinsley, 1999 Nature 논문), 그 후의 여러 후속 연구에서도 이런 인지기능의 향상이 일어남이 검증되었다.

특히 엄마의 눈에 강한 관심을 두는데, 엄마의 시선에 담긴 감정 표현은 아기 뇌 성장에 도움이 되는 물질(뇌유래신경영양인자) 생성을 유도하고, 신경세포의 연결을 촉진한다. 시각 능력이 급속도로 발달함과 동시에 뇌 감정 영역의 신경세포를 지방막[5]으로 감싸 신경전달 속도를 높여주는 프로세스(수초화)도 이 시기에 구축된다.

엄마와 아기의 감정 소통에 있어 시각 자극이 가장 큰 비중을 차지하지만, 피부 접촉, 표정, 목소리 톤, 자세 등을 통해서도 소통한다. 후각 자극도 피부 접촉 못지않게 애착관계에서 중요한 역할을 하는데, 아기는 엄마 냄새를 맡으며 안정감을 얻는다. 여기서 놀라운 사실은 태어난 지 며칠 안 된 아기도 자기 엄마 냄새를 정확히 인지한다는 것이다.

이와 관련한 흥미로운 실험이 하나 있다. 태어난 지 이틀된 아기들에게 엄마의 겨드랑이 체취가 묻은 패드와 다른 출산 여성의 겨드랑이 체취가 묻은 패드를 양옆에 두

---

5   전자제품 내부를 보면 전류가 잘 통하도록 전선이 피복으로 감싸져 있는 것을 볼 수 있는데, 이 피복에 해당하는 것이 지방막이다.

고 어느 쪽으로 머리가 더 오래 향해 있는지를 알아보는 실험이었다. 이 실험에서 아기들이 엄마 냄새가 밴 패드 쪽으로 고개를 돌리고 있는 시간이 그렇지 않은 시간보다 2배나 길었다. 또 다른 실험에서는 태어난 지 6일 된 아기들이 엄마의 수유 패드와 다른 출산 여성의 수유 패드를 정확히 구별해내는 모습을 보였다.

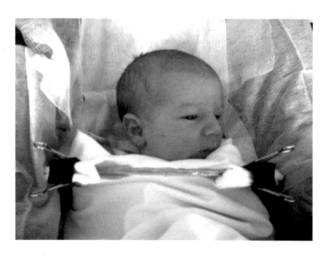

엄마 체취가 밴 패드 쪽으로 고개를 돌리는 아기
(Marin et al. 2014)

아기가 엄마 냄새를 정확하게 인지하는 것과 비슷하게 엄마도 마치 유전자에 각인된 것처럼 무의식적으로 하는 행동이 있다. 바로 아기를 안을 때의 방향성이다.

아기를 안을 때 왼쪽, 오른쪽 어느 방향으로 더 많이 안을까? 결론부터 말하자면, 특정 방향성이 나타나지 않는 남성과 달리 대부분의 여성이 아기를 안을 때 왼쪽으로 안는다. 이런 성향은 오른손잡이, 왼손잡이와 상관없이 일관성 있게 나타나며, 지역과 문화권과도 상관없다.

아동 심리학자 리 솔크 Lee Salk 박사는 255명의 오른손잡이 여성과 32명의 왼손잡이 여성을 대상으로 출산 4일 후 이들이 어느 방향으로 아기를 안는지를 조사했다. 그 결과 오른손잡이의 83퍼센트, 왼손잡이의 78퍼센트가 아기를 가슴 왼쪽으로 안았다. 혹시 다른 물체에도 마찬가지 반응을 보이는지 확인하기 위해 슈퍼마켓에서 물건을 산 뒤 쇼핑 봉지를 어느 방향으로 안는지도 조사했다. 438명의 성인 남녀를 대상으로 한 실험에서 정확히 절반은 왼쪽에, 나머지 절반은 오른쪽 가슴에 쇼핑 봉지를 안고 문을 걸어 나왔다. 즉, 물체를 안았을 때는 남녀 모두 방향의 특정성이 나타나지 않았다. 아기처럼 포근한 물체를 안을 때도 이런 특정성이 나타나는지 알아보기 위해 여성을 대상으로 작은 베개를 안게 했는데, 이 실험에서도 방향의 편향성은 나타나지 않았다. 오직 엄마가 아기를 안았을 때만 이런 현상이 나타났다.

솔크 박사는 박물관과 미술관에 전시된 그림도 분석했다. 엄마가 아기를 안고 있는 466점의 그림을 분석한 결과 80퍼센트 그림에서 엄마의 왼쪽 품에 아기가 안겨 있는 모습을 확인했다. 작품들의 제작 시기가 15세기부터 근대에 이르기까지 매우 다양하단 사실에 비추어볼 때 여성이 아기를 왼쪽에 안는 성향은 아주 옛날부터 이어져 왔음을 확인할 수 있다.

왜 대다수 여성이 아기를 왼쪽으로 안는 걸까? 여기에는 두 가지 이유가 있다. 첫 번째 이유는 아기와의 원활한 감정 소통을 위해서이다. 이는 아기 우측 뇌의 감정처리 부위의 발달과 직접적인 연관이 있다. 아기를 왼쪽으로 안으면 아기의 우측 뇌와 엄마의 우측 뇌가 좀 더 가까이 연결되기 때문에 긴밀한 감정 소통이 일어나게 된다. 이 메커니즘을 쇼어 교수는 이렇게 설명한다.

성모 마리아와 아기 예수(1485-1490)

한스 멤링(Hans Memling)

엄마와 아기(1914)
메리 카사트(Mary Cassat)

엄마와 아기(1985)
모리스 드니(Maurice Denis)

"아기를 왼쪽으로 안으면 아기의 왼쪽 눈과 귀를 통해 엄마와의 감정 소통이 이루어지는데, 이 과정에 엄마의 우측 뇌가 관여한다. 피부 접촉[6]을 알아차리고 처리하는 데도 우측 뇌가 관여하는데, 아기와 스킨십을 할 때도 마찬가지이다."

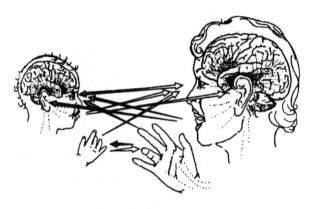

아기의 왼쪽 눈·귀와 엄마의 우측 뇌를 통한 감정 소통(Schore 2001)

6    출산 후 아기와 바로 피부 접촉을 했던 경우와 한동안 떨어져 있던 경우 아기를 안는 엄마의 반응에는 차이가 있다. 한 실험에서 출산 후 아기와 계속 붙어있던 엄마(286명) 중 77퍼센트는 아기를 왼쪽으로 안은 반면에 아기와 따로 떨어져 있던 엄마(115명)는 방향의 특정성을 거의 보이지 않았다. 이를 통해 출산 직후 아기와의 피부 접촉이 엄마의 모성 반응에 결정적으로 작용한다는 것을 알 수 있다.

두 번째 이유는 아기를 진정시키는 데 효과적이기 때문이다. 엄마가 아기를 왼쪽 품에 안으면 자연스럽게 아기 얼굴은 엄마의 심장 가까이 놓이게 된다. 엄마의 리드미컬한 심장박동 소리를 잘 들을 수 있는 최적의 위치인 셈이다. 아기는 엄마의 정상적인 심장박동을 들을 때 안정감을 느낀다. 자궁에 있는 내내 대동맥을 통해 양수로 전달되는 엄마의 심장 소리를 듣고 자랐기 때문이다. 태어난 후 생소한 소리로 가득한 환경에 노출되어 혼란하고 불안할 때 태아 때 들었던 엄마의 심장박동 소리를 들으며 안정감을 찾는 것이다.

이와 관련한 실험에서 솔크 박사는 첫 번째 그룹인 102명의 신생아에겐 성인의 정상 심장박동(분당 72회)이 녹음된 소리를, 두 번째 그룹인 112명의 신생아에겐 심장박동이 아닌 다른 소리를 7분마다 30초씩 3일 동안 들려주었다. 그리고 이들의 울음 정도와 체중 변화를 지켜보았다. 정상 심장박동을 들려준 신생아 그룹의 경우 70퍼센트가 체중이 증가했지만, 심장박동이 아닌 다른 소리를 들려준 신생아 그룹에서 체중증가는 33퍼센트에 불과했다. 평균 몸무게 역시 첫 번째 그룹에서는 40그램 정도 체중이 증가했지만, 두 번째 그룹에서는 20그램 정도 체중이 줄었다. 녹음된 소리를 틀어주는 시간 대비 아기가 운 시간의 비율은 첫 번째 그룹이 38퍼센트, 두 번째 그룹이 60퍼센트로 훨씬 높았다. 또 두 번째 그룹 신생아들에게 분당 128회의 빠른 심장박동을 들려주었는데, 아기들이 심하게 울고 안절부절못하는 등 심한 스트레스 반응을 보여 실험을 중단해야 했다.

엄마와 아기의 감정 소통에는 두 사람의 우측 뇌가 주로 관여하는데, 엄마는 아기의 표정을 통해 어떤 감정 상태인지 파악하고, 이를 흉내 내는 방식으로 아기와 소통한다. 아기 역시 엄마의 표정을 흉내 내는 능력을 날 때부터 갖고 태어나기 때문에 엄마와 아기 사이 감정 소통은 일방적 소통이 아닌 양방향 소통이다. 정서적으로 편안한 엄마는 아기가 보내는 신호를 민감하게 알아차리고 표정과 몸짓을 흉내 냄으로써 아기에게 엄마가 잘 이해하고 있다는 걸 보여주는데, 이러한 감정적 상호작용을 통해 사회성, 타인과의 소통 능력의 기반이 마련된다.

엄마와 아기의 감정 소통이 가능한 이유는 뇌의 거울뉴런 시스템 덕분인데, 거울뉴런은 감정, 흉내 내기, 공감 이

론의 근본으로 받아들여지고 있다.[7] 이와 관련한 한 실험에서 엄마들(24~43세)에게 자기 아기(6~12개월)를 포함한 여러 명의 아기 사진을 보여주고, 어떤 뇌 부위가 활성화되는지를 기능성 MRI로 관찰하였다. 그 결과 자기 아기든 남의 아기든 표정을 보고 흉내 낼 때 모든 엄마의 뇌에서 거울뉴런 시스템이 활성화되는 것으로 나타났다. 그러나 자기 아기의 경우엔 그 정도가 훨씬 컸다.

다양한 표정 가운데서는 감정이 드러난 표정을 보았을 때 중립적인 표정을 볼 때보다 거울뉴런 시스템이 더욱 활성화되었다. 감정 표현이 드러난 사진은 엄마의 공감을 불러일으켜 적극적인 모방이 일어나는데, 이는 아기가 엄마로부터 반응을 얻기 위해 자신의 감정 콘텐츠를 전달하기 때문으로 알려져 있다. 특히 아기가 짓는 기쁜 표정을 보고 흉내 낼 때 엄마 우측 뇌의 감정 영역이 크게 활성화되었고, 모호한 표정을 볼 때는 좌측 뇌의 인지 및 운동조

7   원숭이의 뇌 신경활동을 관찰하던 연구자가 손을 뻗어 음식을 집는 동작을 보이자 이를 지켜보던 원숭이의 뇌에서 직접 음식을 집을 때와 똑같은 뇌 부위가 활성화되는 것이 확인됐다. 타인의 행동과 감정을 거울처럼 반사하는 거울뉴런 시스템은 엄마와 아기의 감정 소통에 중요한 역할을 한다고 알려져 있다.

절 영역이 크게 활성화되었다. 한마디로 아기와의 소통에 있어 엄마 우측 뇌의 감정 영역이 기본 베이스가 되고, 여기에 거울뉴런 시스템이 더해져서 아기의 감정 상태를 파악할 수 있는 것이다.

아기의 표정(Lenzi, et al. 2008)

앞에서 살펴본 실험들을 통해 알 수 있는 것은 아직 말할 수 없는 아기와 엄마의 소통이 표정, 목소리 톤, 울음, 스킨십을 통해 주로 이루어지기 때문에 엄마의 감정 변화와 행동이 아기와의 안정적인 애착관계 형성은 물론이고, 아기의 뇌 발달과 성격 형성에 영향을 준다는 사실이다.

사람의 뇌는 평생 변화하는 역동적인 기관이다. 외부 자극이나 경험으로 뇌의 신경회로가 변화하는 유연성, 즉 '뇌 가소성' 덕분에 우리는 80세가 넘어서도 외국어를 배울 수 있고 새로운 악기도 배울 수 있다. 하지만 이러한 뇌의 유연한 성질은 모든 부위에 적용되는 것은 아니다. 주로 뇌의 고등 영역이 이에 해당하고, 감정을 처리하는 원시적인 뇌 부위 등은 그렇지 않다. 앞서 말한 고양이 실험에서처럼 결정적 시기에 받은 외부 자극은 평생에 걸쳐 변하지 않는 성질을 신체에 남기기도 한다.

이렇게나 중요한 우리 아기의 뇌 발달이 부모인 나에게 달려있다니 하는 생각에 부담감이 들 수도 있지만, 크게 걱정할 필요는 없다. 왜냐하면 아기와의 감정 소통은 엄마와 아기, 모두에게 즐거움을 주는 본능적이고 자연스러운 행위이기 때문이다. 이러한 친밀한 접촉은 뇌의 보상 회로에 의해 조절되어, 뇌에서 즐거움을 느끼게 하는 신경전달물질을 분비시킨다. 즉, 엄마가 특별히 노력을 기울여서 무언가를 해야 하는 의식적인 행위가 아니라 몸과 마음이 편안한 상태에서 자연스럽게 일어나는 행위인 것이다. 반대로 스트레스, 불안감, 우울감에 시달리는 엄마는 아기와 시선을 덜 마주치고, 부정적 표정을 짓거나 무표정일 때가 많다. 이런 경우 아기의 뇌 성장을 돕는 물질이 덜 만들어지고, 신경세포의 연결에도 좋지 않은 영향을 미친다.

따라서 임신 계획부터 출산 후 24개월까지 가장 중요한 태교 활동은 부모의 감정 건강 관리이며, 엄마 아빠의 편안한 감정은 부모가 아이의 전 생애에 걸쳐서 해줄 수 있는 가장 큰 선물이라 해도 과언이 아니다.

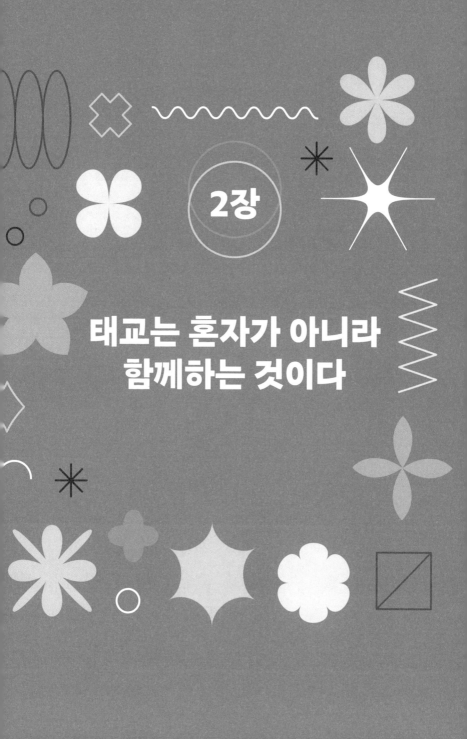

**2장**

# 태교는 혼자가 아니라
# 함께하는 것이다

# 보이지 않는 가족, 남편

"나는 다른 사람과 마찬가지로 내가 해야 할 일을 한다.
내 할 일 중 하나는 아내에게 침대로
아침 식사를 가져다주는 것이다."

존 치버 《존 치버 단편집》

 

임신과 출산 기간 엄마와 아기에게 향하는 모든 관심은 당연하게 여겨지고, 임산부가 겪는 여러 변화도 얼추 알고들 있지만, 남편에게도 아내와 비슷하게 신체적, 정신적으로 큰 변화가 일어난다는 사실은 잘 모르는 경우가 많다. 흔히 산후우울증은 임산부만 겪는 것으로 생각하지만, 배우자 역시 임신, 출산 시기에 정서적으로 취약해지기 쉽고, 평소보다 우울증이 생길 위험도 매우 커진다.

아내가 산후우울증을 앓는 경우 남편의 24~54퍼센트 정도가 우울증을 경험하며, 그중에서 출산 후 1년 이내에 산후우울증을 앓는 비율은 10퍼센트나 된다. 이는 일반 남성보다 3배나 높은 수치이다. 주변 환경의 변화로 혼자 우울증을 겪을 수도 있고, 아내의 우울 증상을 돕고 대응하는 과정에서 생기기도 한다.

남편에서 아빠로의 역할 전환에서 오는 스트레스도 무시할 수 없는데, 대개 짜증, 우울감, 음주량 증가, 불안, 분노 등의 형태로 나타난다. 새로운 역할에 대한 불확실성은 현재의 삶을 흔들어놓고, 불안과 스트레스를 동반하기에 어찌 보면 자연스러운 반응으로도 볼 수 있다.

또한 임신한 아내와 사는 남편은 일반 남성보다 테스토스테론과 스트레스 호르몬 수치가 낮아지고, 여성 호르몬의 일종인 에스트라디올 수치가 높아진다. 이러한 호르몬의 변화는 육아와도 관련이 있는데 에스트라디올 수치가 높으면 아이 울음소리에 더 민감하게 반응하고, 낮아진 테스토스테론은 우는 아기에게 동정심을 불러일으킨다. 즉, 아이를 돌보기에 적합한 상태로 변하는 것이다.

## 남편에서 아빠로

### 우리 남편이 입덧을 해요

　주위에서 종종 볼 수 있는 남편의 입덧은 아내가 임신했을 때 남편이 경험하는 쿠베이드 증후군 Couvade Syndrome 의 대표적인 증상이다. 아내가 임신한 후 체중이 10킬로그램이나 늘어서 허리띠에 구멍을 새로 냈다는 남편도 적지 않다. 호르몬 변화와 함께 급격한 체중증가, 수면장애, 불안감, 극심한 피로감, 감정적 취약, 구토, 메스꺼움, 요통 등이 여러 정신적 증상과 함께 나타날 수 있는데 모두 쿠베이드 증후군 탓이다.

　임신한 아내를 둔 모든 남편이 쿠베이드 증후군을 경험하는 것은 아니다. 또 이 증후군에 걸렸다고 해도, 보통 임신 1분기와 3분기[8]에 생겨서 얼마 되지 않아 없어지거나 출산과 동시에 사라지기 때문에 크게 문제되지 않는다. 진짜 문제가 되는 건 남편에서 아빠가 되는 과정에서 겪

---

8　임신 기간을 약 3개월씩 나눠서 구분하는데, 임신 1분기는 임신 1~12주, 2분기는 13~28주, 3분기는 29~40주에 해당한다.

게 될지도 모를 변화들을 아무런 정보 없이 맞닥트린다는 점이다. 이러한 정보의 부재는 많은 아빠들에게 무력감과 소외감을 느끼게 한다. 아빠가 된다는 사실에 기쁨을 느끼면서도 자신의 정체성과 부부관계의 변화, 아빠 역할을 잘 해낼 수 있을까 하는 염려로 생애 가장 특별한 시기를 온전히 즐기지 못하는 안타까운 일이 벌어지는 것이다.

특히 첫아이 때, 급격한 체중증가 등의 신체 변화로 인해 당황스럽고 걱정이 되지만, 이런 감정을 억누르는 경우가 많다. 모든 교육과 관심이 임신한 아내에게 쏠리는 데서 오는 고독감, 자아감의 위협 같은 감정도 마찬가지이다. 이런 사례는 비단 우리나라뿐 아니라 외국에서도 빈번한데, 학문적인 관심 역시 비교적 최근 들어서야 예비 아빠의 역할과 그 중요성에 주목하기 시작했다.

우리 주변에서도 아내의 출산일이 다가올수록 앞으로 늘어날 생활비, 아빠 역할에 대한 염려와 함께 체중이 부쩍 늘어난 예비 아빠들을 어렵지 않게 찾아볼 수 있다. 곧 닥칠 출산에 대한 두려움과 경제적 고충, 자신의 신체 변화에 힘들어도 임신한 아내에게 하소연을 늘어놓기 어려운 관계로 혼자서 끙끙 앓는 경우가 대부분이다.

## 감정 공동체인 부부

남편은 아내에게 제일 큰 영향을 미치는 존재임과 동시에 가장 중요한 지지의 원천이라서 남편의 감정 건강은 다른 어떤 가족 구성원보다 중요하다. 임신 기간 감정적 지원을 받은 남편은 신체적, 정신적으로 더 건강하며, 부부관계도 더 원만하다. 따라서 임신 기간 엄마의 감정 건강만큼이나 아빠의 감정 건강 역시 매우 중요하다.

임신 전후는 부부에게 감정적으로 매우 취약한 시기이기 때문에 임신한 아내뿐만 아니라 남편에게도 신체적, 정신적으로 큰 변화가 일어날 수 있다는 사실을 인식하여 불필요한 걱정과 불안을 줄일 필요가 있다. 무엇보다 모든 관심이 임산부에게 쏠려 배우자가 소외감과 무력감을 느끼기 쉬운 이 시기 예비 엄마만 힘든 게 아니라 예비 아빠도 힘들다는 사실을 아내가 알아주고, 서로의 감정을 터놓고 얘기하는 것이 중요하다. 또한 이 시기의 남편은 아내보다 사회적 지지를 덜 받을 수밖에 없으므로 임신을 계획할 때부터 자신의 사회적 네트워크를 잘 관리하는 것이 좋다.

많은 이들이 부부가 같은 목표를 달성하기 위해 노력과

시간을 들이는 '경제적 공동체'라는 사실은 잘 인지하고 있지만, '감정 공동체'라는 특성은 덜 중요시하는 경향이 있다. 부부는 둘 중 한 명이라도 불안하거나 우울하면 그 감정이 배우자에게 전이되어서 가정의 정신건강에 적신호를 드리우게 된다. 아내가 아무리 감정 관리를 잘해도 남편이 스트레스에 오래 노출되면 결국 아내에게 영향이 가고, 반대로 아내의 스트레스는 남편의 정신건강에 영향을 미쳐 출산 후 아빠의 육아 참여도를 떨어트린다.

임신한 아내에게 잘해주고 싶은 마음이야 어느 남편이라고 다를까. 그러나 어떻게 잘해줘야 할지 그 방법을 모르는 경우가 많다. 특히 턱없이 부족한 정보로 인해 임신과 출산 과정에서 남편으로서, 아빠로서의 역할이 모호하다고 여기기 쉽다. 잘 몰라 혼란스러운 상황 자체가 스트레스를 유발하므로 자신이 어떤 역할을 담당해야 하는지 잘 생각하고, 미리 계획을 세우는 것이 좋겠다.

임신 기간 사회적 지지는 감정적으로 취약해지기 쉬운 시기 예비 엄마에게 완충작용을 해서 스트레스 호르몬을 현저히 감소시키고, 출산 후 감정적인 문제가 생길 확률도 낮춰준다. 그뿐 아니라 모유가 더 잘 생성되게 해줘서 수유 고충도 덜어준다. 가족, 친지, 지인 할 것 없이 엄마를 둘러싼 모든 사회적 지지가 도움이 되지만, 그중에서도 남편과 친정엄마의 지지가 예비 엄마의 스트레스를 낮추는 데 가장 효과적이라고 알려져 있다.

여기서 한 가지 중요한 점은 예비 엄마가 지지를 받고 있다고 '인지'해야 앞에서 말한 효과가 나타난다는 사실이다. 아무리 남편이나 다른 가족이 잘 도와주고 챙겨주더라도, 본인이 그렇다고 느끼지 못하면 아무런 소용이 없다. 반대로 별로 도움받지 못해도, 본인이 지지받고 있다고 느끼면 실제 스트레스가 감소한다. 따라서 자주 소통하는 것도 중요하지만, 무엇보다 진정성 있는 소통이 중요하다. 여기에는 눈빛, 목소리, 손짓 같은 비언어적 표현이 말보다 더 강력한 힘을 발휘하지만, 진심이 담기지 않을 경우 역효과를 가져올 수도 있다.


## 남편의 역할


전영수 씨(39세)는 출산하던 날 서운했다는 아내의 원

망을 10년째 들고 있다. 임신해서 출근하는 아내를 생각
해 청소며 빨래며 집안일을 도맡아 했는데, 그 수고는 인
정해주지 않고 출산 당일 잠깐 핸드폰 게임 한 걸로 원망
을 들을 때면 억울한 생각이 든다. 주위를 봐도 본인처럼
가정적인 남자는 찾아보기 힘든데 아내만 그걸 모르는 것
같다. 영수 씨의 아내 손정은 씨(37세)는 임신했을 때를
떠올리면 아직도 서러운 감정이 든다. 바로 로봇 같은 남
편 때문이다. 집안일을 많이 도와주긴 하나, 정은 씨가 진
짜 원하는 건 자신의 말에 공감해주고 편들어주는 건데
남편은 늘 해결책만 제시할 뿐이다. 위로받고 있다는 느
낌을 받은 적이 거의 없다. 출산하던 날도 그랬다. 진통이
길어져 아프고 무서운데 옆에서 게임을 하던 남편의 모습
에 어찌나 열불이 나고 서럽던지. 시간이 흘러도 그때 느
꼈던 서러움은 사라지지 않는다.

남편의 역할은 임신한 아내를 '도와주는' 게 아니라 '함
께 태교에 적극적으로 참여'하는 것이다. 그렇게 할 때 소
외감을 느끼지 않고, 남편에서 아빠로의 역할 전환에도
의미 있는 도움이 된다. 남편이 태교에 적극적으로 동참

하기 위해선 먼저 아빠 역할을 받아들일 준비가 되어있어야 한다. 임신과 출산 시기에 일어나는 급격한 변화에 적응하지 못하면 아기가 태어난 후 몇 달 동안 만족감보다는 불행감이 더 클 수 있다. 특히 아기가 태어난 직후 아빠로서 겪는 새로운 경험은 임신 동안 정신적 준비가 제대로 됐는지에 따라 크게 좌우된다.

이 시기 아기와 친밀한 관계를 맺는 것이 중요한데, 아기와의 애착관계 형성은 아빠라는 정체성 identity 을 잘 받아들일 수 있게 해줄뿐더러 배우자가 엄마 역할을 더 잘 수행할 수 있도록 도와준다. 아울러 아내를 더 세심히 챙길 수 있어 결과적으로 본인과 아내, 아이에게 모두 이롭다. 아빠와 아기의 애착관계 형성에 좋은 팁이 있는데, 바로 병원에 초음파 검사를 받으러 갈 때 무조건 아내와 동행하는 것이다. 아빠는 뱃속 아기와 물리적으로 연결되어 있지 않아 엄마보다 아기의 존재를 실감하기 더 어렵다. 그러나 초음파 이미지를 보면 태아의 존재감을 생생히 느끼게 되고, 임신 과정에서의 소외감이 줄어드는 대신에 태어날 아기에 대한 기대감은 커진다.

또 다른 팁은 **임신과 출산에 관한 궁금증을 남편이 직**

접 의사에게 물어보는 것이다. 태교 교실에 남편 혼자 참여해 교육 내용을 아내에게 전달해주는 것도 좋다. 이 두가지 방법은 사소한 일 같지만, 남편의 스트레스를 줄여주고 부부생활에 긍정적인 영향을 주는 매우 효과적인 방법이다. 잘 몰랐던 임신과 출산에 대한 정보를 얻을 수 있을뿐더러 임신, 출산 과정에서 주변 인물에서 벗어나 주요 인물로 역할을 함께 한다고 느낄 수 있기 때문이다.

임신과 출간 기간을 건강하게 보내기 위해선 엄마의 올바른 생활습관이 중요한데, 이때 남편의 적극적인 태교 참여가 지대한 영향을 미친다. 반대로 태교에 소극적인 남편의 태도는 저체중아 출산 같은 부작용을 초래할 수 있으므로 단순히 아내의 서운함으로 그칠 문제가 아니다. 남편의 적극적인 태교에는 예비 엄마의 편안한 감정 상태가 아기의 성장발달에 얼마나 중요한지 가족들에게 적극적으로 이해시키고, 가족 간 갈등 상황에서 이를 현명하게 중재하는 역할도 포함된다. 엄마가 최대한 스트레스를 받지 않으려면 온 가족이 마음을 모아야 하는데, 그 중심축이 남편이어야 하는 것이다.

흔히 스트레스는 정신적인 측면만 생각하기 쉬운데, 신

체적 스트레스도 여러 가지 임신 관련 부작용을 불러오기 쉽다. 따라서 아내가 과도한 피로감을 느끼지 않도록 남편이 집안일에도 적극적으로 나서야 한다.

여태껏 많은 이들이 태교의 초점을 태아와 엄마에게 맞춰 왔고, 남편의 역할은 단순히 예비 엄마를 보조하는 정도로만 인식했다. 오죽하면 임신 기간 남편을 가리켜 '보이지 않는 부모'라고 지칭한 학술논문도 있을 정도이다. 하지만 아빠가 아기의 성장발달에 미치는 영향을 고려했을 때 남편은 절대 태교와 육아라는 영역에서 조연이 될 수 없다. 소중한 아기를 낳고 기르는 일을 맡은 공동책임 파트너라 할 수 있다.

# 아기를 위한 슬기로운 부부생활

"어떤 일이든 정확히 소통하기란 어렵다. 그래서 사람 사이의
완벽한 관계란 찾아보기 힘들다."

귀스타브 플로베르《감정 교육》

임신을 계기로 아내에서 엄마로, 남편에서 아빠로의 역
할 전환은 가족생활 주기의 그 어떤 단계보다도 엄청난
변화를 가져와 커다란 스트레스 요인으로 작용하기도 한
다. 흔히 아이를 낳으면 부부 사이가 좋아진다고 생각하
는 사람이 많은데, 사실 결혼 만족도가 가장 낮은 시기가
이 때이다. 부부에서 부모로 역할이 전환되는 이 시기에

부부관계도 함께 재정립되므로, 부부관계가 매우 취약해지는 것이다.

불행히도 많은 예비 엄마 아빠가 이러한 관계 변화에 대해 제대로 알지 못하고, 준비가 안 된 채로 이 시기를 맞는다. 부부관계의 변화는 특히 임신 중반기 이후 급격히 커져 부부 사이 정서적 연대를 해치기 쉽다. 문제는 소원한 부부관계가 부부 사이의 문제로 끝나는 것이 아니라 아기의 신체적, 정서적 발달에 있어 직접적인 영향을 미친다는 것이다.


## 부부 갈등을 불러오는 육아 스트레스

"우리 부부는 임신 6개월쯤에 결혼했고, 아기를 낳은 지 3개월 후에 별거해서 출산 6개월 만에 이혼했습니다"

몇 해 전 TV의 이혼 리얼리티 프로그램에 출연한 20대 이혼 부부의 실제 이야기다. 이 프로그램을 보며 젊은 부부가 마음고생이 심했겠다 싶어 안타까운 마음이 들었지만, 놀랍지는 않았다. 실제로 우리나라 젊은 부부의 출산 직후 이혼율은 우려스러울 정도로 높기 때문이다.

부부 갈등에는 여러 가지 원인이 있겠지만, 출산 직후 육아 스트레스로 인해 생기는 갈등을 빼놓을 수 없다. 흔히 육아 스트레스를 누구나 겪는 일이려니 하고 참고 넘기는 경우가 많다. 하지만 절대 대수롭지 않게 여길 것이 아니다. 강도 높은 육아 스트레스에 계속 노출되다 보면 여러 부작용이 발생할 수 있기 때문이다.

실제로 많은 전문가가 초기 결혼 만족도를 낮추는 주요 요인으로 육아 스트레스를 꼽는다. 특히 아이를 돌보며 생기는 스트레스로 인한 불만족은 시간이 지날수록 다루기 어려워 부부관계는 물론이고, 아이에게 좋지 않은 영향을 끼친다. 이는 우리나라 젊은 부부들의 높은 이혼율을 봐도 알 수 있다

2021년 기준 전체 이혼율 중 미성년 자녀를 둔 부부의 이혼율이 40퍼센트가 넘는데, 그중 20~30대가 큰 비중을 차지한다. 영유아 자녀를 둔 부부의 높은 이혼율에 육아 스트레스가 큰 영향을 미친다는 것은 다음 신문 기사를 통해서도 알 수 있다.

임신·육아 스트레스... 엄마 열 명 중 세 명 "자살·자해 생각"

서울대 의대 윤영호 교수팀, 여론조사 기관 케이스탯리서치와 20~40대 직장인 1000명을 대상으로 설문 조사를 한 결과, 부모 10명 중 3명(33.6%)은 임신·육아에 따른 스트레스로 '자해·자살'을 생각해봤다고 답했다. 연령이 낮거나 가계 소득이 적은 부모일수록 이런 생각을 가지는 경우가 더 많았다. 20대 부모는 48.6%, 월 소득 200만 원 미만 부모인 경우엔 48.4%가 자해·자살을 생각해봤다고 답했다.

초보 아빠들도 걱정은 태산이다. 경제적인 이유가 크다. 이번 조사에서 자해·자살 생각은 아빠들이 34.3%로 엄마들(32.8%)보다 다소 높게 나왔다.

조선일보, 2021년 2월 12일 자

육아 스트레스는 동시다발적으로 일어나 복합적인 영향을 주기 때문에 어떤 큰 사건보다 생활 속에서 일어나는 자잘하고 성가신 일들이 감정 건강에 더 해롭다. 가랑비에 옷 젖는다는 말처럼 하루하루 아기를 돌보며 경험하는 사소한 일들이 결혼생활을 위협하는 것이다.

아이가 생겨 행복하기만 할 것 같은 시기, 오히려 부부 사이의 갈등이 깊어지는 이유는 뭘까? 육아 스트레스가 결혼 만족도에 미치는 영향을 조사한 국내 연구에 따르면, 많은 부부가 처음 겪는 육아를 힘들고 버겁게 느끼기 때문으로 분석된다. 아이를 낳고 기르는 과정은 큰 행복이고 기쁨이지만, 아기를 돌보는 일은 예측할 수 없는 낯선 상황의 연속이다. 초보 엄마 아빠의 경우 돌발 상황에 미숙할 수밖에 없고, 항상 긴장 상태에 있으니 스트레스가 쌓일 수밖에 없다. 문제는 육아 자체도 이미 스트레스인데, 이로 인해 신혼 시절 잠복해 있던 여러 갈등 요인이 밖으로 드러나며 서로에게 서운했던 감정이 폭발하는 데 있다.

아이가 태어난 뒤에 배우자에게 잘해야지 하고 마음먹는 건 뒤늦은 다짐이다. 임신을 계획할 때부터 평소 불만이나 상대방에게 바라는 걸 적극적으로 이야기해서 갈등을 미리 해소하고 서로 맞춰 나가려 노력하는 시간이 필요하다. 아울러 아내는 아내대로 남편은 남편대로 각자 자신의 감정 관리에도 신경 써야 한다.

특히 출산 초기에는 우울 증상이 생기기 쉽고, 이 시기의 우울 증상은 부부 사이의 의견 불일치, 적대감, 배우자의 지원 철회 등 여러 부작용을 연쇄적으로 불러와 심할 경우 별거나 이혼으로 이어질 수도 있어 각별한 주의가 필요하다.


## 부부 사이 정서적 교감과 친밀감


임신과 출산 전후로 부부 사이 마찰을 줄이고 정서적 교감을 높이기 위해서는 앞에서 누누이 말했듯이 **이 시기가 부부생활에서 아주 취약한 시기라는 것을 인지할 필요가 있다.** 위험을 인지하고 있어야 부부가 각자의 감정 건강에 공을 들이고, 서로를 이해하려 노력하기 때문이다.

일단 스트레스를 지각하면 배우자에 대한 만족도가 떨어지고, 서로 간에 의견 일치를 보기 힘들어지며, 애정 표현도 줄어든다. 특히 임신과 출산 시기 급격한 환경 변화로 스트레스에 노출되기 쉬운데, 남편보다는 아내가 더 크게 영향을 받는다. 아내보다 덜 영향을 받는다 뿐이지 남편도 소외감과 무력감, 스트레스에 취약하기는 마찬가지라서 **반드시 부부가 함께 감정 관리를 해야 한다.**

초보 엄마의 경우 임신 기간 감정적인 어려움이 더욱 커 스트레스를 제대로 관리하지 않으면 심한 우울 증상으로 이어질 수도 있다. 특히 임신 3분기는 다가오는 출산에 대한 걱정으로 스트레스에 더욱 취약해지는 시기라서 편안한 감정 상태를 유지하려 노력해야 한다. 또한 출산을 앞둔 예비 엄마의 신체적, 정신적 건강에 모든 초점이 맞춰져 있는 시기이기 때문에 아내의 스트레스가 남편에게 미치는 정도가 다소 감소하는 경향을 보인다.

임신과 출산 전후로 결혼 만족도가 떨어지고 부부생활에 취약한 시기라는 것을 인지했다면, 그다음으로는 적극적인 소통을 통해 부부 사이 친밀감을 높여야 한다. 불행히도 많은 부부가 배우자나 결혼생활에 불만이 생겨도 허심탄회하게 터놓고 이야기하는 경우가 드물다. 임신이라는 큰 변화로 인해 스트레스를 인지하더라도 이 문제에 대해 솔직하게 대화하지 않는 경우가 더 많다.

그러나 부부간 적극적인 의사소통은 결혼생활에 긍정적인 영향을 미치며, 결혼 만족도 역시 높아지는 것으로 나타났다.[9] '우리 부부는 서로 많이 사랑해서 결혼했으니 육아쯤은 괜찮겠지.' '말하지 않아도 지금 내가 힘들다는 걸 알 거야.' 이런 안일한 생각 대신 배우자에게 바라는 점이나 불만이 있으면 갈등이 깊어지지 않도록 즉시 대화를 통해 이를 알려야 한다. 특히 육아 문제에 있어 서로의 가치관을 이야기하고 절충안을 찾아 부부가 같은 목표와 방향성을 정해놓고 행동하는 것이 좋다.

한마디로 더 자주, 더 많이 대화하고, 긍정적이든 부정적이든 자신이 느끼는 감정을 배우자와 공유하는 것이 중요하다. 부부 사이의 의사소통, 태교와 육아 관련 감정 소통의 중요성은 이미 많은 연구에서 일관성 있게 강조하는 부분이다. 태교, 육아 계획과 아빠라는 새로운 역할에 대해 아내와 함께 의논하는 남편은 출산 후 변화된 환경에도 훨씬 잘 적응한다. 아내 역시 남편과 적극적인 소통이 이루어졌을 때 임신 관련 불안이 3배나 낮아지고, 아기를 돌보는 일에도 잘 적응하는 것으로 나타났다.

---

9   정미라 외(2012). 임신기 부부의 부부관계 질과 태아애착의 관계

태교는 부부만이 아니라 모든 가족 구성원이 적극적으로 참여할 때 그 효과가 가장 크다. 가족 모두가 합심해서 건강한 아기의 출산을 위해 임신을 계획할 때부터 출산 후 24개월까지 예비 엄마는 물론 예비 아빠에게도 편안한 환경을 만들어주도록 애써야 한다.

특히 가장 흔한 문제인 가족 간의 갈등은 혼자서 해결하기 어려워 강도 높은 스트레스가 장기간 계속되기 쉽다. 모든 가족 구성원이 임신 기간 엄마 아빠의 감정 건강이 얼마나 중요한지를 인식하지 못하면, 임신 기간 내내 갈등이 계속될 것이고, 그 피해는 고스란히 아기한테 갈 수밖에 없다.

안 그래도 부부관계가 취약해지는 시기에 가족 문제까지 보태지 않게 노력하는 것도 분명히 태교다. 이 기간만큼은 다른 가족을 덜 챙기더라도 온전히 '부부 중심'으로 지내야 행복한 시간을 보낼 수 있다. 예비 엄마가 균형 잡힌 식사, 체중 관리, 규칙적인 생활 등 올바른 생활습관을 유지하는 데도 일정 부분 가족 구성원의 도움이 필요하다.

임신이라는 특별한 기간은 아기는 물론이거니와 나 자신을 위해서도 올바른 생활습관을 만들 좋은 기회이다.

어떤 일이든 한번 자리 잡은 습관은 뇌의 습관을 관장하는 부위에 프로그래밍되기 때문에 바꾸기 힘들지만, 뱃속에 있는 소중한 아기는 이마저도 바꿀 수 있는 좋은 동기가 될 수 있다는 사실을 기억하자.

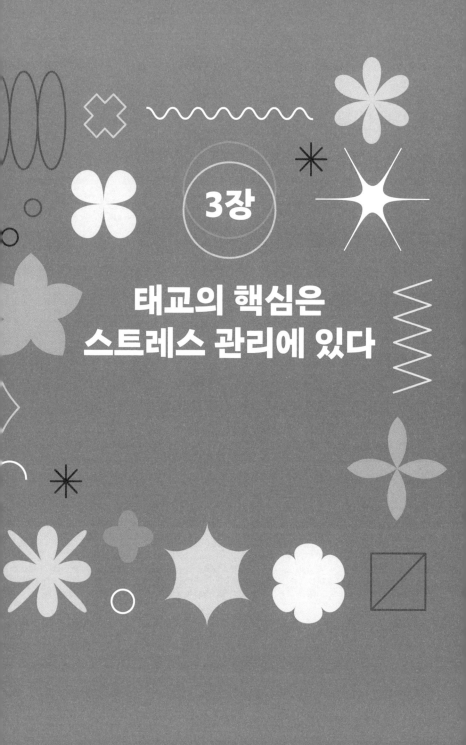

**3장**

# 태교의 핵심은
# 스트레스 관리에 있다

# 임신 중 스트레스, 아는 것과 모르는 것

"인생의 아름다움은 피로에 지친 눈에만 보이지 않는다."

그레이엄 그린 《비밀 첩보원》

예비 엄마와 태아의 뇌 신경계는 물리적으로 연결되어 있지 않으나, 화학적으로 연계되어 있어 호르몬 등의 물질이 태반을 통해 태아의 뇌로 전해진다. 이 연계는 워낙 강력해서 **엄마의 모든 감정은 뱃속 아기와 낱낱이 공유**된다. 자신이 처한 생리학적 환경을 컨트롤 할 수 없는 태아는 그 환경이 좋든지 나쁘든지 간에 자신의 뇌와 신체를 거기에 맞게 변화해 적응한다.

태아에게 나쁜 환경 하면 보통 음주나 흡연에 노출되는 것을 떠올리는데, 임신 중 엄마가 지속해서 스트레스를 받거나 우울, 불안감으로 고통받는 경우 뱃속 아기에게 흡연보다 더 해로운 영향을 끼칠 수도 있다.

문제는 많은 이들이 '세상에 스트레스 안 받는 사람이 어디 있어? 아기에게 좋을 리는 없겠지만, 설마 그렇게까지 나쁘려고.' 하며 스트레스를 대수롭지 않게 여긴다는 것이다. 임신 중 스트레스가 아이에게 미치는 광범위한 영향에도 불구하고 이에 대한 경각심은 이상하리만큼 찾아보기 어렵다.

많은 여성이 임신하고 나면 기쁨과 동시에 그동안 경험해보지 못한 스트레스를 겪는다. 출산에 대한 불안, 아기의 건강, 양육 문제, 체형변화, 추가적인 경제적 부담 외에 입덧, 수면장애, 요통, 변비 같은 신체적 불편함 역시 스트레스의 원인이 된다.

임신 중 스트레스는 식습관이나 운동 등 예비 엄마의 건강에 영향을 미치고 태아의 건강과도 직결되는 문제이기 때문에 절대 가벼이 다뤄서는 안 된다. 적과 싸워 이기기 위해서는 적을 알아야 하듯, 행복하고 건강한 아이를 낳기 위해선 임신 중 스트레스 요인과 그 위험성, 그리고 스트레스 메커니즘에 대한 올바른 이해가 필요하다.


## 잘 알려진 스트레스

### 출산에 대한 불안감

　예비 엄마의 불안감은 대개 임신 중기에 가장 심해진다. 서구에선 의학적인 문제가 전혀 없는데도 제왕절개를 하는 사례(선택적 제왕절개)가 현저히 증가했을 정도로 출산에 대한 두려움은 동서양을 막론하고 흔하다. 우리나라도 제왕절개 건수가 전체 출산의 40퍼센트가 넘는다고 하는데, 이 중 선택적 제왕절개도 상당 부분 차지할 것이다.

　출산에 대한 불안은 출산과 태아발달에 대한 이해와 지식이 높을수록 줄어들기 때문에, 분만 과정부터 수유 방법에 이르기까지 정확한 정보를 알고 있는 게 불안감을 낮춰주는 데 도움이 된다.

　임신 기간 예비 엄마의 최대 고민은 아기가 건강하게 태어날까 하는 걱정일 것이다. 그런 고민이 밀려들 땐 뱃속 아기의 움직임에 집중하며, 이런저런 말을 건네고, 배를 만지는 등 아기와 교감을 나누며 편안한 감정을 유지하는 것이 좋다. 이러한 방법은 임신 기간 체형변화에도 주의를 돌려 이 문제에 대한 스트레스를 완화해주는 데도 도움이 된다.

## 입덧

임신한 여성의 약 80퍼센트가 경험하는 입덧은 통상 임신 5주 차에 시작해서 12주 차에 가장 심하며, 20주 정도가 되면 증상이 사라진다. 입덧은 사람마다 다른데 일부는 일상생활에 지장이 있을 정도로 심하게 나타나기도 한다.

입덧이 심할 땐 음식물을 잘 섭취하지 못하기 때문에 뱃속 아기에게 영양분이 제대로 공급되지 않을까 심히 걱정되지만, 사실 입덧은 내 아기가 건강하게 잘 자라고 있다는 지표이기도 하다.

예비 엄마에게 괴로움을 주는 입덧은 오래전 야생에서 독성이 있거나 상한 음식을 피하게 해주고, 피로감을 느끼게 해 과도한 신체활동을 막는 신체 반응으로 여겨진다. 즉, 뱃속 아기를 보호하기 위한 증세인 것이다. 그렇기에 입덧은 엄마에게는 괴로울지언정 태아에겐 큰 해가 되지 않는다.

## 체형·체중의 변화

출산 경험이 있는 여성을 대상으로 한 설문 조사에서 임신과 출산 기간에 어떤 것이 가장 걱정이었는지를 물었는데, 거의 모든 답변자가 임신 중 체형변화와 출산 후 원래 체형으로 돌아갈 수 있을지가 가장 염려스러웠다고 응답했다.

실제로 임신 기간 체형변화는 예비 엄마의 큰 걱정거리 중 하나다. 단지 미용상 문제가 아니라, 엄마와 아기의 건강을 위해서도 임신 기간 적정체중을 유지하는 것이 중요하기 때문이다.

흔히 스트레스를 받으면 탄수화물이 당긴다고 하는데, 실제로도 그렇다. 스트레스를 받으면 뇌에서 에너지 공급을 늘리기 위한 메커니즘이 작동해 탄수화물의 섭취를 늘린다. 따라서 임신 기간 적정체중을 유지하기 위해서는 스트레스도 잘 관리해야 한다.

임신 기간 또 다른 체중증가 요인으로는 수면무호흡증이 있다. 특히 기도 위의 부분이 막혀서 생기는 수면무호흡증은 임신 기간 추가적인 체중증가 요인으로 작용한다. 일반적으로 여성이 남성보다 수면 관련 문제가 더 많은 데다가 임신 중에는 신체적 불편과 잦은 배뇨 등으로 수면에 방해를 받는다. 특히 임신 11~12주 차에는 수면의 질이 가장 떨어지는 출산 후 3개월에 버금갈 정도로 수면의 질이 떨어진다. 수면이 부족하면 정상적인 생활을 방해하는 것은 물론이고, 음식에 대한 욕구가 늘어나 살이 찌기 쉬우니 잠을 충분히 자는 것이 좋다.

## 잘 모르는 스트레스

### TV 뉴스 시청

우리나라 하루 평균 TV 시청 시간은 약 3시간이다. 유형별로는 뉴스 및 시사 보도 시청이 가장 많았다. TV 뉴스는 주로 사건 사고를 보도하기 때문에 분노, 슬픔 등의 부정적 감정을 높이고, 긍정적 감정을 떨어트린다. 또 불안감과 기분장애를 유발하기도 한다.

여기서 더 큰 문제는 뉴스를 보고 난 뒤 생긴 부정적 감정이 뉴스 내용과 직접 연관이 없음에도 불구하고 개인의 걱정거리를 심화시킨다는 점이다. 따라서 임신 중에 TV 뉴스를 많이 보면 스트레스와 불안이 쌓일 수 있으므로 될 수 있는 한 시청 시간을 줄이는 것이 좋다.

## 피로감

피로감은 모든 임신 여성의 60~90퍼센트가 경험할 정도로 가장 흔하면서도 괴로운 증상이다. 여기서 피로감이란 일상생활에 지장을 줄 정도로 에너지가 소진된 느낌을 말한다. 피로감이 쌓이면 우울감이나 불안, 수면장애까지 유발하기 때문에 업무든 집안일이든 일하는 사이 적절히 휴식하는 것이 좋다.

특히 강도 높은 집안일은 과로의 주요 원인 중 하나로 가사 노동이 늘어날수록 유산과 조산의 위험 역시 커지기 때문에 주의가 필요하다. 주 5회 이상 음식을 하면 엄마와 태아에게 좋지 않다는 연구 결과도 있을 정도니, 무리하지 않는 게 최선이다. 또 너무 오래 서 있거나(하루 4시간

이상), 너무 오래 걷는 행동(주 40시간 이상), 무거운 걸 들거나 과도하게 신체를 쓰는 일 역시 조산이나 태아의 성장지연, 임신 중 고혈압 등의 위험을 높일 수 있으므로 조심해야 한다. 특히 임신 2분기 때는 이런 위험이 증가하는 시기이므로 각별한 주의가 필요하다.

## 과도한 카페인 섭취

임신 기간 카페인 섭취가 엄마와 태아에게 안전한지는 학계에서도 의견이 엇갈린다. 통상 하루 200밀리그램 미만(커피 약 2잔, 믹스커피 약 4개 분량)에서 300밀리그램 미만(커피 약 3잔 분량) 정도의 카페인 섭취는 엄마나 태아에게 아무런 영향도 미치지 않는다는 게 정설로 여겨져 왔으나, 최근 적은 양의 카페인도 태아에게 좋지 않은 영향을 끼칠 수 있다는 연구 결과가 꾸준히 나오고 있어 주의가 필요하다.

임신 후엔 평소보다 체내 카페인 대사율이 현저히 떨어져서 카페인 반감기(체내에서 카페인의 양이 절반이 되는데 걸리는 시간)가 1.5배에서 3.5배 증가한다. 임신 전보다 카페인이 체내에 더 오래 머물며 간에서 효소에 의해 분해되는데, 지방 친화적인 성질 때문에 혈관-태반 장벽을 쉽게 통과한다. 태반에는 카페인 분해 효소가 없고, 태아의 간은 아직 카페인 분해 능력이 부족해 엄마가 섭취한 카페인은 고스란히 태아에게 전달된다.

태아가 과도한 양의 카페인에 노출되면 스트레스 관련 신경화학물질인 에피네프린, 노르에피네프린 분비가 증가하는데, 이는 태아에게 가는 혈관을 수축시켜 영양분과 산소 공급을 방해한다. 그 결과 태아 성장지연이나 저산소증이 생길 수도 있고 유산, 조산, 저체중아 출산 등의 위험도 커진다.

임신 기간 얼마만큼 카페인을 섭취하는 게 안전한지는 딱 잘라 말하기 어렵다. 개인마다 카페인 민감도가 천차만별이기 때문이다. 만약 본인이 카페인 민감도가 높은 편이라면 임신을 준비할 때부터(임신 전 카페인 섭취도 태아에게 영향을 준다는 연구도 있음) 수유 기간까지 카페인 섭취를 차단하는 편이 좋겠다. 카페인 민감도가 높지 않더라도 임신 기간엔 하루 허용 최대 섭취량인 200밀리그램의 절반인 100밀리그램으로 카페인 섭취를 제한하는 것이 안전하겠다.

그렇다고 매일 커피를 마시던 사람이 하루아침에 카페인을 끊기란 정말 힘든 법. 카페인 중독이던 사람이 갑자기 커피를 끊으면 두통, 불안감, 초조함 같은 금단 증상에 시달릴 수 있으므로 서서히 줄여나가는 게 좋다.

# 만만히 봐선 안 되는 임신 중 스트레스

"길모어 씨, 근심은 아무리 강한 사람이라도
불안하게 만듭니다."

월키 콜린스 《흰옷을 입은 여인》

　임신 기간엔 꼭 높은 강도의 스트레스가 아니더라도 오랜 기간에 걸쳐 반복적으로 스트레스에 노출되다 보면, 아기에게 좋지 않은 영향을 미친다. 임신 중 스트레스 요인은 출산 및 육아에 대한 불안, 가족 갈등, 직장 문제부터 자연재해에 이르기까지 다양한데, 부부생활 역시 이 시기 중요한 스트레스 요인으로 작용한다.

임신 기간 엄마의 스트레스는 태아에게 그대로 전달되는데, 이때 세포의 에피게놈(후손에게도 유전되는 후생유전체)이 다시 프로그래밍되어 유전자 발현과 세포 기능에 장기적인 변화를 가져온다. 이로 인해 아기에게 다양한 부작용이 생길 수 있는데, 어떤 경우엔 평생에 걸쳐 나타나기도 한다.

스트레스로 인한 부작용은 단기적으로는 저체중아 출산, 조산 등으로 나타나고, 장기적으로는 자녀가 성인이 된 이후에 비만, 당뇨 등의 만성질환 형태로 나타날 수 있다. 게다가 이 시기 스트레스로 인한 해로운 자궁 환경은 아이 평생에 걸친 신경정신질환 위험 요인으로도 잘 알려져 있다. 여기에는 학습장애, 정서장애, 자폐증, ADHD, 우울증, 불안장애, 조현병 등이 포함된다.

## 작게 낳아서 크게 키운다?_저체중아 출산

2001년 9월 11일 납치된 항공기가 뉴욕 세계무역센터와 충돌해 3000명에 가까운 사망자와 6000여 명의 부상자가 생긴 사상 최악의 테러가 일어났다. 맨해튼 일대는 그야말로 아비규환이 되었고, 이 사건을 지켜본 사람들은 엄청난 충격에 빠졌다.

사고 현장 인근에서 임신 중이었던 여성들도 예외는 아니었다. 끔찍한 테러 사건을 보도한 뉴스가 이들에게 어떤 영향을 주었을까? 당시 반경 약 3킬로미터 이내에 거주하던 여성들이 낳은 아이들의 체중은 정상아보다 평균 149그램 덜 나갔고, 키는 0.82센티미터 작았다.

9.11 테러처럼 대단한 사건이 아니더라도 임신 기간 지속적인 스트레스 노출은 저체중아 출산과 조산의 위험을 높인다. 실제로 우리나라의 저체중아(2.5킬로그램 미만 출생아)와 조산아(37주 미만 출생아) 출산이 꾸준히 늘어나 지난 20년간 각각 거의 2배, 1.4배에 달하는 증가율을 보였다. 여기에는 흡연, 음주, 고령 임신 등의 요인도 분명 존재하겠으나, 임신 기간 스트레스도 상당 부분 작용했음을 알 수 있다.[10]

---

10  실제로 우리나라 여성의 스트레스는 증가 추세에 있다. 가임기 여성의 스트레스 인지율은 2008년 35.1퍼센트에서 2018년 39.8퍼센트로 4.7퍼센트포인트나 높아졌다.

임신 기간 만성 스트레스와 우울감은 자궁으로 가는 혈관을 수축시켜 태아에게 갈 영양분과 산소를 감소시킨다. 그 결과 저체중으로 태어날 확률이 2~3.8배 더 높아진다. 또한 기억, 학습능력과 관련 있는 해마에도 영향을 미쳐 주로 9살 이후에 학습능력 저하가 나타난다고 알려져 있다.[11]

'좀 작게 태어나면 어때, 잘 먹고 금방 크면 되지.'라고 대수롭지 않게 생각할 수도 있다. 저체중아 출산과 조산이 문제가 되는 건 아이 평생에 걸쳐 비만과 당뇨, 심혈관계 질환 같은 다양한 신체질환은 물론이고, 우울증이나 ADHD 같은 신경정신질환을 유발할 수 있어서이다. 실제로 저체중으로 태어난 아이의 대다수는 문제없이 잘 자라지만, 추후 건강에 문제가 나타날 확률이 정상체중으로 태어난 아이에 비해 높은 것도 무시할 수 없는 사실이다. 세계보건기구에서도 미숙아(조산아와 저체중아)의 경우 평생에 걸쳐 생길 수 있는 건강상의 위험을 경고하고 있다.

---

11    저체중으로 태어난 아이들과 정상체중 아이들의 IQ를 비교한 연구에서 두 그룹의 평균 IQ는 모두 정상 범주에 들었으나 IQ 74~84, IQ 70 미만은 저체중 그룹에서 훨씬 많았다.

또한 저체중아 출산과 조산은 가족의 감정 건강에도 좋지 않은 영향을 미치고, 육아 스트레스 역시 정상체중으로 태어난 아기보다 훨씬 크다. 다행히 유전적 요인은 40퍼센트 정도에 불과하고, 환경적인 요인이 60퍼센트를 차지한다고 알려져 있기 때문에, 추후 관리만 잘해주면 이런 위험을 충분히 낮출 수 있다.


## 일찍 일어난 새가 벌레를 잡는다?_조산

임신 중 스트레스는 조산의 위험도 높인다. 세계 조산의 날이 있을 정도로 흔한 문제인 조산은 신생아 사망의 가장 큰 원인이자 5세 미만 유아 사망의 주요 원인이기도 하다. 세계보건기구에서 밝힌 기준에 따르면 조산은 마지막 생리 주기의 첫날부터 37주 미만 혹은 259일 미만의 출산을 말한다.

조산의 원인은 한 가지가 아니라 여러 가지 요인이 복합적으로 작용하는데, 그중에서도 다태아 임신의 자궁 과대 팽창, 예비 엄마의 만성 스트레스와 불안감이 주요 요인으로 꼽힌다. 아직 정확한 메커니즘이 규명되진 않았지만, 조산은 임신 여성의 높은 스트레스 호르몬과 연관이 있으며, 특히 출산, 아기의 건강, 육아 등 임신 관련 불안은 조산의 위험을 상당히 높이는 것으로 알려져 있다. 그밖에 예비 엄마의 낮은 체질량지수, 흡연과 음주, 과도한 신체활동, 장시간 서 있기, 임신성 당뇨, 치주질환 등도 조산의 위험 요인으로 꼽힌다. 또 조산은 가족력과도 관련이 있어서 조산으로 태어난 여성이 임신하게 되면 '세대 간 전이'가 될 우려가 있다.

의학적으로 임신 기간이 37주 이상이면 정상 분만으로 분류하지만, 40주 분만과 비교하면 상대적으로 아이 건강에 문제가 있을 확률이 높아진다. 조산으로 태어난 아이는 평생에 걸쳐 뇌성마비, 학습장애, 시력장애, 청력장애, ADHD 같은 질환에 걸릴 위험이 커진다. 임신 기간이 짧으면 짧을수록 뇌 발달에 좋지 않은 영향을 주는데, 35주 분만아의 뇌는 정상 분만아 뇌 무게의 3분의 2밖에 나가지 않는다. 또한 조산아의 경우 일반적으로 내성적이고, 불안과 우울증세, 사회부적응 같은 증상이 정상 분만아보다 더 많이 나타난다.

## 우는 아이 젖 준다_영아산통

아무리 달래도 울음을 잘 그치지 않아 돌보기 힘든 아기가 있다. 기질이 섬세하고 예민해서 그렇다고 생각할 수도 있으나 통증을 호소하는 아기의 의사 표현일 수도 있으니 세심한 주의가 필요하다. 아무런 이상이 보이지 않는데도 발작적인 울음이 하루 3시간, 주 3회, 3주 이상 계속되고, 아무리 달래도 진정이 잘 안 된다면 영아산통을 의심해봐야 한다.

영아산통은 태어난 지 3개월 이내의 아기 가운데 20퍼센트 정도에서 생기는 비교적 흔한 증상이다. 대개 3개월이 지나면 점점 사라지기 때문에 증상 자체가 큰 문제가 되진 않지만, 장기간 계속될 때 불안장애, 공격적 성향, 과잉행동, 기분장애, 수면장애, 알레르기 등이 생기기도 한다. 갓난아기 때보다는 6~7세때쯤 이런 부작용이 일어날 위험이 높다.

영아산통의 주요 원인이 무엇인지 아직 정확히 규명된 바는 없지만, 임산부의 정신적 스트레스와 흡연, 출산 후 스트레스, 우울감 등과 관련 있는 것으로 알려져 있다. 특히 임신 초·중기에 스트레스에 노출되었을 때 영아산통이 생길 위험이 더 커지는 것으로 보인다. 실제로 임신 중예상치 못한 실직으로 지속적인 스트레스에 노출되어 아이의 심한 울음이 반년간 지속된 사례도 있다.

영아산통은 가족 삶의 질에도 지대한 영향을 끼치는데영아산통을 겪는 가정과 그렇지 않은 가정을 비교했을 때육아 스트레스 지수가 거의 6배나 차이 나는 것으로 나타났다.


## 세 살 버릇 여든까지 간다_ ADHD와 신경정신질환

임신 중 스트레스로 인해 아동기 때 가장 일관성 있게관찰되는 문제가 4~15세 사이 발병하는 주의력결핍 과잉행동장애, 즉 ADHD이다. ADHD 증상이 있는 8~9세 아동 10명 중 2.2명의 주요 발병 원인으로 지목될 정도인데, 특히 임신 5~6개월 때나 출산 수 주일 전의 스트레스 노출이 ADHD 발병 위험을 높이는 것으로 나타났다.

임신 중 실직, 자연재해 등 강도 높은 스트레스에 노출된 경우 자녀의 자폐증 위험도 커진다. 1980년에서 1995년 사이 미국에서 자연재해로 스트레스를 받았을 때 자폐증 발병률은 1만 명당 26.59명으로 그렇지 않은 경우보다 7배나 높았다. 특히 임신 25~26주 사이의 스트레스 노출이 자폐증 위험을 높인다고 알려져 있다.

  잘 알려지지 않았지만, 자폐증 위험을 높일 수 있는 요인 중에는 임신 중 거주지 이사도 포함된다. 태어날 아기를 위해 더 좋은 집으로 이사하는 건 분명히 좋은 일이지만, 여기에는 강한 자극과 함께 새로운 환경으로 인한 불안이 따르기 마련이다. 아무리 좋은 일이라도 일상생활에 큰 변화를 가져오는 상황을 우리 뇌는 강한 스트레스로 인식하기 때문에 임신 중 이사는 피하는 것이 좋다.

# 스트레스 바로 알기

"바로 신경 때문입니다, 의원님.

모든 일은 신경 탓입니다."

토마스 만 《부덴부로크가의 사람들》

"누구나 스트레스가 무엇인지 알고 있지만, 사실은 아무도 모른다."라는 스트레스 연구의 선구자 한스 셀예<sup>Hasn Selye</sup>의 말은 거의 100년이 지난 지금도 통용된다. 병원을 방문하는 이유 중 60~80퍼센트가 스트레스가 원인이라는 보고도 있고, 세계보건기구에서도 '21세기 건강을 위협하는 유행병'으로 규정할 정도지만, 스트레스에 대해 정확히 아는 사람은 극히 드물다. 오늘날 그 누구도 스트레스에서 벗어날 수 없음에도 스트레스가 무엇인지, 어떤 메커니즘으로 우리 삶에 영향을 미치는지 잘 모르는 것이다.

스트레스 자체가 스트레스의 원인이자 결과가 되어버린 요즘 우리의 일상을 위협하는 스트레스에서 벗어나기 위해선 스트레스가 무엇인지 우리 몸에 어떤 영향을 미치는지 제대로 이해할 필요가 있다.


## 뇌가 해석하는 스트레스


스트레스를 한마디로 말하자면 '무엇이든 우리가 위협이라고 느끼는 것'이다. 여기서 중요한 건 실제 위협이 아닌 우리 뇌가 '해석'하는 위협이라는 점인데, 실제 위협과 해석하는 위협에는 큰 차이가 있다. 실제로는 별일이 아니더라도 우리 뇌가 위협적이라고 해석하면 우리 몸은 실질적인 위협에 처했을 때와 똑같이 반응한다.

스트레스는 크게 신체적인 것과 정신적인 것으로 나뉘는데, 신체적 스트레스 반응은 모든 사람이 거의 비슷하지만, 정신적 스트레스는 사람마다 다른 반응을 보인다. 흔히 특정 사건 때문에 스트레스를 받는다고 착각하기 쉽지만, 사실은 실제 상황이나 사건 자체보다는 그것을 어떻게 인식하고 대응하는지가 훨씬 중요하다. 똑같은 상황이라도 사람에 따라 반응이 다른 이유가 여기에 있다.

예를 들어 애견 카페에 방문한다고 가정할 때 강아지를 좋아하는 사람에게는 그 상황이 전혀 스트레스로 작용하지 않으나, 개에 물린 경험이 있는 사람에게는 큰 스트레스로 작용할 수 있다.

스트레스 요인 → 스트레스 요인을 뇌가 해석 → 스트레스 반응

스트레스를 인식하는 과정

## 스트레스 대응시스템

'만병의 근원'이라는 말이 있을 정도로 스트레스는 다양한 질환의 원인이 되지만, 한편으로는 생존력을 높이기 위해 일어나는 자연스러운 생리학적 반응이기도 하다. 예를 들어 밤에 집 근처 공원에 갔다가 목줄이 없는 사나운 개와 마주쳤다고 가정해보자. 막대기를 주워 싸우든지 도망가든지 간에 위기 상황에서 벗어나려면 평소보다 더 큰 힘을 내거나 빠르게 뛰어야 한다. 이때 우리 몸의 스트레스 대응시스템이 작동하여 온몸의 장기를 긴장 상태로 만들어 절체절명의 위기를 벗어나는 데 도움을 준다.

뇌에서 일어나는 이 반응은 환경 변화에 적응하기 위한 견제와 균형의 정교한 시스템으로 위협을 느끼는 순간 바로 가동된다. 사나운 개와 맞닥트렸을 때 근력과 심폐 기능이 높아야 생존율이 올라가기 때문에 근육이 더 큰 힘을 낼 수 있도록 간에서는 포도당을 더 많이 만들고 기관지를 확장해 산소 공급을 늘린다. 피부와 소화기관으로 가는 혈액까지 근육조직으로 보내 평소보다 더 많은 힘을 낼 수 있게 만든다.

높은 긴장 상태나 공포 상황에서 얼굴이 '하얗게' 질리고 소화가 안 되는 이유도 피부와 소화기관으로 가는 혈액량이 감소하기 때문이다. 덥지 않은데도 식은땀이 나고, 손에 땀이 차는 것도 스트레스 대응시스템이 작동한 결과다. 땀이 나면 몸이 미끄러워져서 위협하는 존재에게 잡혔을 때 빠져나오기 쉽고, 달아오른 몸의 열도 식힐 수 있다. 게다가 사나운 개에 물렸을 때 상처가 덧나지 않도록 우리 뇌는 면역반응까지 낮춘다. 유독 시험 기간이 되면 몸살이 나고 아픈 이유도 꾀병이 아니라, 스트레스 반응으로 인해 면역력이 저하됐기 때문이다.

이렇게나 생존에 도움이 되는 스트레스가 어찌하여 오늘날 고통의 대명사가 되었을까? 그건 스트레스 대응시스템의 최종산물인 '스트레스 호르몬'으로 불리는 코르티솔cortisol 탓이다. 사실 코르티솔은 매일 우리 몸에서 분비되는 호르몬으로 그 자체론 나쁠 게 없다. 단, 오랫동안 과다 분비될 때 문제가 된다. 스트레스 요인으로 인해 가동된 대응시스템은 상황이 끝나면 원래대로 돌아가야 하는데, 그렇지 않고 오작동하여 장기 가동될 때 우리 몸에 다양한 부작용을 일으키는 것이다.

과다한 코르티솔이 태아의 뇌에 도달하면 스트레스 대응시스템과 학습기능에 중요한 뇌 부위의 구조 자체를 바꿔버린다. 신경세포의 수와 크기를 감소시키고, 신경전달물질의 활동을 떨어트리며, 신경세포 간의 연결을 방해하고, 뇌 부위 크기까지 줄어들게 만든다.

수렵 생활을 하던 시대에는 민감한 스트레스 대응시스템이 생존에 도움이 됐지만, 포식자의 위협이 사라진 현대 사회에서는 필요 이상으로 예민해진 스트레스 대응시스템이 오히려 우리 건강을 위협하게 되었다. 신체적인 위협이 있을 때나 가동돼야 하는 이 시스템이 가족 갈등, 경제적 곤란 등 신체적 위협이 전혀 없는 상황에서도 작동해 문제가 되는 것이다.

불행히도 우리 뇌는 사회적, 정신적 위협 같은 가상의 위협과 실제 위협인 신체적 위협을 구분하지 못한다. 그렇기에 사회적, 정신적 위협이 절대적으로 많은 현대 사회에서 예민한 스트레스 대응시스템은 오히려 마이너스로 작용한다.

정신적 위협과 신체적 위협을 구분하지 못하는 뇌

스트레스 대응시스템이 민감하면 사소한 스트레스 상황에서도 자꾸 가동되는 게 문제인데, 특히 임신 기간에 장기간 스트레스에 노출될 경우 아기는 아주 민감한 스트레스 대응시스템을 장착한 채 태어난다. 왜냐하면, 임신 중 엄마한테 나온 스트레스 호르몬이 태아의 뇌를 두렵고 스트레스 많은 환경을 기대하도록 설계하기 때문이다.

또 하나의 문제는 복잡한 현대 사회에선 스트레스 상황

이 장기간 이어질 가능성이 크다는 사실이다. 상사에게 호되게 혼나거나 싫은 사람과 함께 일해야 할 때, 대출 이자 걱정 등 정신적 위협이 계속되는 경우 스트레스 대응 시스템은 작동을 멈추지 않고 계속해서 가동된다.

예를 들어, 지갑처럼 가벼운 물건을 눈높이로 들고 있기란 그다지 어렵지 않은 일이다. 하지만 몇 시간, 며칠을 들고 있으라고 한다면 얘기는 달라진다. 한두 시간만 들고 있어도 팔, 어깨는 물론이고, 온몸이 아파 더는 들고 있기 힘들 것이다. 스트레스도 마찬가지다. 스트레스에 오래 노출되면 우리의 뇌는 자기 자신을 위험으로부터 보호하려 초긴장 상태에 돌입한다.

스트레스에 대한 반응이 개인에 따라 천차만별인 이유는 타고난 스트레스 민감도 외에도 스트레스 요인, 주변 상황, 상황에 대한 인식, 감정처리가 상호작용해서 스트레스 반응을 결정짓기 때문이다. 여기에 더해 가장 중요한 스트레스의 속성이 있다. 바로 스트레스 상황에 대한 통제 가능성이다.

# 스트레스 대응시스템의 구성

스트레스 대응시스템은 자율신경계의 교감신경 시스템과 신경내분비계의 스트레스축 시스템으로 구성되어 서로 시너지 효과를 내며 위협 상황에서 벗어나도록 도움을 준다. 두 시스템은 같은 역할을 담당하지만, 분비되는 신경화학물질이 다르고, 반응과 지속 시간은 물론 우리 몸에 미치는 영향도 다르다. 우리 뇌는 스트레스 상황을 감지하면 교감신경 시스템이 먼저 가동되고, 스트레스축 시스템이 나중에 가동되어 몸에 스트레스 반응이 나타난다.

### 교감신경 시스템

교감신경 시스템은 뇌가 위협 상황을 인지한 순간 약 100분의 1초 만에 가동되어 온몸의 장기를 빠르게 긴장 상태로 만들어 위기에서 벗어나는 데 도움을 준다. 이 기능은 온몸에 뻗어있는 교감신경과 그중 일부가 뻗어있는 신장 바로 위 부신 속질(수질)에서 분비하는 신경화학물질인 에피네프린과 노르에피네프린으로 인해 발생한다. 이렇게 해서 생기는 스트레스 반응을 흔히 '싸움-도망fight-or-flight 반응'이라고 부른다.

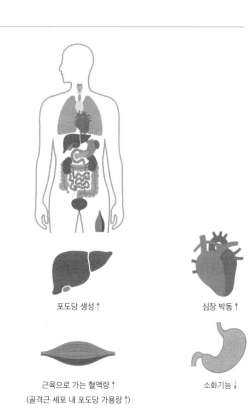

동공 확대

포도당 생성↑

심장 박동↑

호흡 속도↑

근육으로 가는 혈액량↑
(골격근 세포 내 포도당 가용량↑)

소화기능↓

스트레스 대응시스템으로 인한 신체 반응

이 시스템은 스트레스 상황을 인지하면 바로 작동하지만, 작동 시간이 오래가지 않는 특징이 있어 단기(급성) 스트레스 상황을 관장한다[일반적으로 교감신경 시스템은 지속 시간이 짧지만 불안장애, 공황장애, 외상 후 스트레스 장애

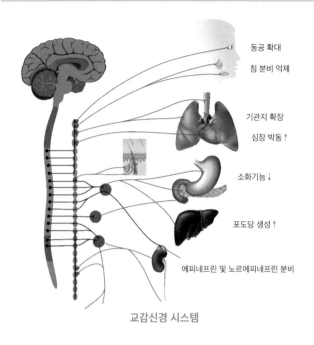

동공 확대

침 분비 억제

기관지 확장

심장 박동 ↑

소화기능 ↓

포도당 생성 ↑

에피네프린 및 노르에피네프린 분비

**교감신경 시스템**

PTSD 환자 등의 경우 교감신경 시스템이 계속해서 가동되기도 한다]. 급성 스트레스의 경우 건강상의 문제는 거의 생기지 않지만, 임신 중에는 급성이라도 자주 발생하거나 그 강도가 높으면 태반으로 가는 혈류를 수축시켜 태아의 건강에 문제가 생길 수 있다.

## 스트레스축 시스템

신경 내분비계의 스트레스축은 교감신경 시스템 가동 후 작동하는데, 교감신경 시스템과 달리 장기 가동할 수 있어 반복되거나 오래가는 만성적 스트레스를 관장한다. 스트레스축에서는 코르티솔이 분비되는데, 이 호르몬은 정신적, 사회적 스트레스와 건강 사이 중재자 역할을 한다.

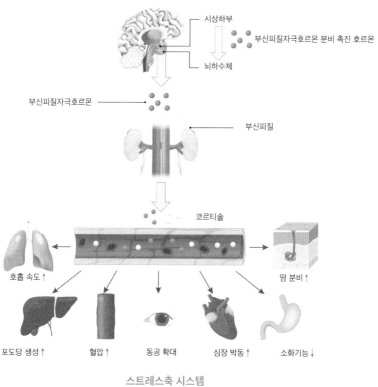

시상하부

부신피질자극호르몬 분비 촉진 호르몬

뇌하수체

부신피질자극호르몬

부신피질

코르티솔

호흡 속도↑

땀 분비↑

포도당 생성↑

혈압↑

동공 확대

심장 박동↑

소화기능↓

스트레스축 시스템

## 스트레스 통제 가능성과 예측 가능성

치과에서 치료받을 때 흔히 듣는 말이 있다. 아프면 손을 들라는 의사의 말이다. 사실 손을 든다고 해서 통증이 줄어들거나 없어지진 않는다. 환자가 손을 들면, 잠시 치료를 멈췄다가 다시 시작하는 경우가 대부분이다. 그런데도 손을 들라는 의사의 말을 들으면 이상하게 통증이 견딜만하게 느껴진다. 왜 그럴까? 여기에는 과학적인 이유가 있다.

치과 치료 시 스트레스를 측정한 연구에서 환자들을 두 그룹으로 나눠 한 그룹에만 치료 중 통증이 심하면 손을 들라고 일러두었다. 실험 결과, 미리 일러둔 그룹에서 치료 중간에 손을 든 환자는 한 명도 없었으나, 아예 손을 드는 선택이 없던 그룹에 비해 스트레스 호르몬 수치가 훨씬 낮게 나타났다. 환자가 손드는 행동을 통해 치과 의사와 소통함으로써 통증을 통제하기 위한 조치를 취할 수 있다는 사실을 인지했기 때문이다.

똑같은 스트레스 상황이라도 내가 '컨트롤'할 수 있다고 느끼면 스트레스로 인한 피해가 거의 없다. 여기서 주

목할 것은 **실제로 컨트롤 할 수 있는지 여부가 아니라, 할 수 있다는 믿음이다. 스트레스 상황을 컨트롤 할 수 있다고 믿는 것만으로 스트레스 감소 효과가 나타난다.** 스스로 상황을 통제할 수 없다고 느낄 때, 우리는 스트레스를 받는다.

그러나 같은 상황이라도 사람에 따라 스트레스 상황을 다르게 받아들일 때가 있다. 어떤 사람에겐 충분히 통제할 수 있고 감당할 수 있는 상황이 다른 사람에겐 극심한 스트레스를 유발하는 통제 불가능한 상황이 되기도 한다. 이런 경우 스트레스 대응시스템이 다르게 작동한다.

통제 가능성 이외에 스트레스의 또 다른 주요 속성은 예측 가능성이다.[12] 보통 스트레스 상황을 예측할 수 있을 때와 그렇지 않을 때 차이가 있다. 출퇴근 시간 때 교통체증은 어느 정도 예상되는 상황이라 차가 막혀도 별로 스트레스를 받지 않지만, 평소 막힐 일 없는 평일 오후에 차가 막히면 쉽게 스트레스를 받는다. 똑같이 차가 막히는

---

12  통제 가능성과 마찬가지로 예측 가능성 역시 많은 실험을 통해 규명되었다. 영장류를 대상으로 한 실험에서 임신 중 예측할 수 없는 소음에 노출된 어미에게서 태어난 새끼들의 뇌를 관찰한 결과 스트레스축을 조정하는 해마의 부피가 감소한 것으로 나타났다.

상황이지만, 예측할 수 있는지 없는지에 따라 스트레스를 느끼는 정도에 차이가 난다.

치과 치료를 받을 때도 어떤 방식으로 치료할지, 어떤 감각(압력, 진동, 시린 감각 등)을 느끼게 될지 치료 전에 알게 되면 예측 가능성이 커져 통증 및 스트레스가 완화되는 효과가 있다. 실제로 우리가 느끼는 가장 큰 스트레스는 예측할 수 없고, 통제 가능성이 없다고 인식하는 경우이다. 반대로 스트레스의 속성상 스트레스 상황을 예측할 수 있거나 통제할 수 있다고 '해석'하면 스트레스 대응시스템이 억제되어 스트레스를 훨씬 덜 느낀다. 특히 통제 가능성이 있다고 인식하는 경우엔 스트레스로 인한 부작용이 거의 나타나지 않는다.


## 엄마-태아의 스트레스 메커니즘

### 태반의 기능

아기와 엄마의 연결고리는 태반이다. 포도당, 아미노산, 산소와 같은 중요한 화학물질들을 태아에게 전달하는 일은 물론이고, 태아로부터 노폐물과 이산화탄소를 엄마의 간과 신장으로 보내는 작업도 태반이 담당한다. 엄마와 아기의 뇌 사이 직접적인 연결이 없는 상태에서 엄마의 감정이 신경화학물질을 통해 유일하게 전달되는 창구도 태반이다. 태반은 태아가 편안하게 지낼 수 있도록 자궁을 확장하고, 태아가 잘 성장할 수 있게 하며, 다양한 호르몬을 만드는 중요한 내분비기관이기도 하다.

태반의 또 다른 중요한 역할은 태아를 보호하는 일이다. 태반의 융모는 촘촘한 세포들로 구성되어 웬만한 바이러스나 박테리아, 유해 물질이 융모벽을 뚫고 태아에게 침투하지 못한다(알코올과 니코틴은 태아에게 그대로 전달됨). 그러나 임신 중 엄마의 만성 스트레스는 코르티솔의 태반 통과율을 높여 해로운 자궁 환경을 조성한다. 태아에게 공급되는 영양분과 산소 용량에 영향을 주며, 태반의 태아 보호 기능을 떨어트린다.

또 다른 스트레스 물질인 에피네프린, 노르에피네프린은 태반을 통과할 수 없어 태아에게 직접적인 영향을 끼치지 못하지만, 예외인 경우가 있다. 일시적이긴 하나 급격한 스트레스에 노출되었을 때이다. 이런 경우 스트레스

물질들이 자궁 수축과 태아에게로 가는 혈류량을 감소시켜 태아 성장을 방해할 수 있으므로 조심해야 한다.

## 태반의 태아 보호 작용

태반에는 코르티솔의 부정적 영향으로부터 태아를 보호하는 방어기전이 있다. 바로 보호효소(11$\beta$HSD2)이다. 임신 중 산모의 코르티솔 수치는 평소보다 높아지는데, 특히 임신 마지막 분기에는 임신 전보다 2~3배가량 증가한다. 이때 이 보호효소가 코르티솔의 약 80퍼센트를 대사 과정을 통해 인체에 무해한 형태로 전환시켜 과도한 양의 코르티솔로부터 태아를 보호한다.

하지만 반복적이고 만성적인 스트레스로 인해 코르티솔이 오랫동안 과다하게 분비되면 문제는 달라진다. 보호효소의 기능이 억제되어 코르티솔이 태반을 통해 고스란히 태아의 뇌에 전달되기 때문이다. 문제는 성인은 코르티솔을 정상 수치로 낮추는 브레이크 시스템을 갖추고 있지만, 태아는 아직 이 메커니즘이 완전하지 않아 코르티솔 부작용에 그대로 노출된다는 데 있다.

만성 스트레스로 보호효소 활동이 저하되면 태반에서

만들어지는 다양한 단백질과 호르몬에도 영향을 주어 임신중독, 저체중아 출산, 조산 등의 위험이 커진다. 코르티솔의 영향과는 별도로 엄마의 감정 상태도 탯줄과 자궁동맥으로 가는 혈류량을 감소시켜 태아의 신경계 발달을 방해한다. 이러한 변화는 아기에게 우울증, 불안장애 등 신경정신질환의 위험성을 높이며, 학습능력에도 좋지 않은 영향을 미친다.

감정이란 무엇일까? 우리 뇌가 그러하듯이 감정 역시 생존에 도움을 주는 일종의 '장치'이다. 언뜻 생각하면 감정과 생존은 별 상관없어 보이지만, 사실은 매우 유의미한 관계를 맺고 있다. 슬픔, 두려움, 분노와 같은 부정적 감정은 느긋하게 쉬고 있지 말고 안전한 환경을 찾아가라는 메시지이며, 공포심은 즉각적인 위협에 도망가거나 맞서게 하는 첫 번째 방어시스템이다. 또한 불안감은 경계심을 높여 잠재적인 위협을 알아채고 대응하게 해준다.

이렇듯 감정은 우리 생존에 도움을 주도록 진화해왔으나, 문제는 위협이 없는 상황에서의 과도한 두려움이나 불안감이다. 실질적 위협이 아닌 가상의 위협에 장기적으

로 노출되기 쉬운 현대 사회를 살아가는 우리는, 불행히
도 스트레스에 노출되는 상황을 피할 수 없다.

그렇다면 지금 '나'는 스트레스를 얼마나 받고 있을까?
정상 범주의 일상적인 스트레스 상태인지, 아니면 과도한
스트레스 상태인지 다음 스트레스 자가진단 체크리스트
를 통해 확인해보자.

# 임신 중 스트레스 자가진단 체크리스트
## (Pregnancy Stress Scale)[13]

- 이 자가진단 체크리스트는 임부가 지각하고 있는 스트레스 정도를 평가하기 위한 것으로 신체·심리적 변화, 일상생활의 대처, 임부와 아기의 건강, 엄마 역할, 가족의 지지, 의료 서비스, 사회적 분위기, 직장생활과의 조화, 이렇게 8개 영역으로 구성되어 있다.

- 전업주부의 경우 7개 하위 영역에 속하는 36개 문항에 답할 수 있고, 직장에 다니는 경우 하나가 추가되어 총 8개 하위 영역에 속하는 43개 문항에 답할 수 있다. 각 문항의 합산 점수가 높을수록 임신 중 스트레스가 큰 것으로 해석한다.

- 이 자가진단 체크리스트는 4점 척도로 평가한다.
  (1 = 전혀 아니다 2 = 약간 그렇다 3 = 상당히 그렇다 4 = 매우 그렇다)

---

13   김영란(2016). 우리나라 임부의 임신 스트레스 측정도구 개발

## I. 신체·심리적 변화(8문항)

| | 전혀 아니다 | 약간 그렇다 | 상당히 그렇다 | 매우 그렇다 |
|---|---|---|---|---|
| 입덧이 있다. | ☐ | ☐ | ☐ | ☐ |
| 피로하다. | ☐ | ☐ | ☐ | ☐ |
| 숨이 차다. | ☐ | ☐ | ☐ | ☐ |
| 소변을 자주 본다. | ☐ | ☐ | ☐ | ☐ |
| 숙면을 취하기 어렵다. | ☐ | ☐ | ☐ | ☐ |
| 기분이 가라앉는다. | ☐ | ☐ | ☐ | ☐ |
| 예민하다. | ☐ | ☐ | ☐ | ☐ |
| 다리 경련이 있다. | ☐ | ☐ | ☐ | ☐ |

## II. 일상생활의 대처(3문항)

| | 전혀 아니다 | 약간 그렇다 | 상당히 그렇다 | 매우 그렇다 |
|---|---|---|---|---|
| 양껏의 식사를 못 한다. | ☐ | ☐ | ☐ | ☐ |
| 철분보충제를 규칙적으로 복용하지 못한다. | ☐ | ☐ | ☐ | ☐ |
| 장거리 여행을 못 한다. | ☐ | ☐ | ☐ | ☐ |

## III. 임부와 아기의 건강(6문항)

| | 전혀 아니다 | 약간 그렇다 | 상당히 그렇다 | 매우 그렇다 |
|---|---|---|---|---|
| 유산될까 걱정된다. | ☐ | ☐ | ☐ | ☐ |
| 조산이 염려된다. | ☐ | ☐ | ☐ | ☐ |
| 산전검사 결과가 나쁠까 봐 긴장된다. | ☐ | ☐ | ☐ | ☐ |
| 태아 기형이 걱정된다. | ☐ | ☐ | ☐ | ☐ |
| 태아가 잘 크고 있는지 걱정된다. | ☐ | ☐ | ☐ | ☐ |
| 임신합병증이 생길까 걱정된다. | ☐ | ☐ | ☐ | ☐ |

## IV. 엄마 역할(6문항)

| | 전혀 아니다 | 약간 그렇다 | 상당히 그렇다 | 매우 그렇다 |
|---|---|---|---|---|
| 아기를 잘 돌볼 수 있을지 걱정된다. | ☐ | ☐ | ☐ | ☐ |
| 엄마가 되는 게 부담된다. | ☐ | ☐ | ☐ | ☐ |
| 태교를 잘하는 게 어렵다. | ☐ | ☐ | ☐ | ☐ |
| 태아를 위해 마음을 편안하게 유지하는 것이 어렵다. | ☐ | ☐ | ☐ | ☐ |
| 태아와 교감을 잘하고 있는지 걱정된다. | ☐ | ☐ | ☐ | ☐ |
| 엄마 역할을 준비하는 것이 부담된다. | ☐ | ☐ | ☐ | ☐ |

## V. 가족의 지지(4문항)

| | 전혀 아니다 | 약간 그렇다 | 상당히 그렇다 | 매우 그렇다 |
|---|---|---|---|---|
| 임신 후 가족이 나를 배려해주지 않아 서운하다. | ☐ | ☐ | ☐ | ☐ |
| 남편이 집안일을 도와주지 않아 서운하다. | ☐ | ☐ | ☐ | ☐ |
| 남편이 내 기분을 몰라줘서 서운하다. | ☐ | ☐ | ☐ | ☐ |
| 남편이 나에게 관심이 없어 서운하다. | ☐ | ☐ | ☐ | ☐ |

## VI. 의료 서비스(4문항)

| | 전혀 아니다 | 약간 그렇다 | 상당히 그렇다 | 매우 그렇다 |
|---|---|---|---|---|
| 산전검사가 복잡해서 이해하기 어렵다. | ☐ | ☐ | ☐ | ☐ |
| 산전검사를 결정하기 어렵다. | ☐ | ☐ | ☐ | ☐ |
| 산전검사 비용이 부담된다. | ☐ | ☐ | ☐ | ☐ |
| 산후조리 비용이 부담된다. | ☐ | ☐ | ☐ | ☐ |

## VII. 사회적 분위기(5문항)

| | 전혀 아니다 | 약간 그렇다 | 상당히 그렇다 | 매우 그렇다 |
|---|---|---|---|---|
| 좋은 엄마에 대한 사회의 기대가 높다. | ☐ | ☐ | ☐ | ☐ |
| 우리 사회는 양육의 일차적인 책임이 엄마에게 있다고 여긴다. | ☐ | ☐ | ☐ | ☐ |
| 여성이 출산하면 자신을 위한 삶을 살기 어렵다. | ☐ | ☐ | ☐ | ☐ |
| 아기에게 문제가 생기면 엄마가 주원인이라고 여긴다 | ☐ | ☐ | ☐ | ☐ |
| 믿고 맡길 보육시설이 부족하다. | ☐ | ☐ | ☐ | ☐ |

※ 전업주부의 경우 합산 점수가 87점 이상이면 고도의 스트레스로 우울증 위험이 큰 상태이다.

I. 신체·심리적 변화(8문항): 20점 이상이면 위험

II. 일상생활의 대처(3문항): 8점 이상이면 위험

III. 임부와 아기의 건강(6문항): 14점 이상이면 위험

IV. 엄마 역할(6문항): 14점 이상이면 위험

V. 가족의 지지(4문항): 8점 이상이면 위험

VI. 의료서비스(4문항): 9점 이상이면 위험

VII. 사회적 분위기(5문항): 16점 이상이면 위험

# VIII. 직장생활과의 조화(7문항)

| | 전혀 아니다 | 약간 그렇다 | 상당히 그렇다 | 매우 그렇다 |
|---|---|---|---|---|
| 임신 후 직장 동료가 나를 부담스러워한다. | ☐ | ☐ | ☐ | ☐ |
| 임신 후 업무에 대한 효율이 떨어졌다. | ☐ | ☐ | ☐ | ☐ |
| 임신으로 직장에서 받을 불이익이 걱정된다. | ☐ | ☐ | ☐ | ☐ |
| 임신, 출산으로 이직 또는 보직 변경이 걱정된다. | ☐ | ☐ | ☐ | ☐ |
| 직장 근무환경이 아기 건강에 해로울까 봐 걱정된다. | ☐ | ☐ | ☐ | ☐ |
| 육아휴직을 받기가 어렵다. | ☐ | ☐ | ☐ | ☐ |
| 직장 동료는 임신한 나를 이해하지 못한다. | ☐ | ☐ | ☐ | ☐ |

※ 직장에 다니는 경우 합산 점수가 88점이면 고도의 스트레스로 우울증 위험이 큰 상태이다.

전업주부보다 기준점이 낮은 이유는 전반적으로 낮은 점수 구간에도 우울증 환자가 많기 때문이다.

I. 신체·심리적 변화(8문항): 10점 이상이면 위험

II. 일상생활의 대처(3문항): 9점 이상이면 위험

III. 임부와 아기의 건강(6문항): 14점 이상이면 위험

IV. 엄마 역할(6문항): 14점 이상이면 위험

V. 가족의 지지(4문항): 8점 이상이면 위험

VI. 의료서비스(4문항): 6점 이상이면 위험

VII. 사회적 분위기(5문항): 14점 이상이면 위험

VIII. 직장생활과의 조화(7문항): 17점 이상이면 위험

4장

예민한 스트레스
대응시스템을 꺼라

# 솔루션 1
# 사랑 호르몬을 촉진하는 사회적 지지

"용기를 내라! 삶은 괴로움을 바칠 만한 가치가 있느니라.
우리와 더불어 눈물을 흘리는 충실한 눈이 있는 한에는."

로맹 롤랑《장 크리스토프》

태교 기간 내내 스트레스를 받지 않으면 좋겠으나 앞서
설명했듯이 스트레스가 꼭 나쁜 것만은 아닐뿐더러 일상
생활에서 마주하는 스트레스 상황이나 요인을 의지적인
노력으로 없애는 것은 불가능하다. 따라서 스트레스가 없
는 상황을 만들기보다 스트레스 대응시스템의 작동을 최
대한 낮추고, 장기 가동을 막는 일에 초점을 맞춰야 한다.

예를 들어 스트레스를 받아 잠도 못 자고, 소화도 안 되고, 불안이나 우울한 감정을 느끼는 상황일 때 '내가 왜 이러지,' '나한테 무슨 문제가 생긴 걸까'라는 생각 대신 '지금 뇌에서 스트레스 대응시스템이 가동됐구나'라는 사실을 인식하고, 이 시스템의 전원을 끄는 작업을 해주면 되는 것이다. 별거 아닌 것 같아도 이 인식 자체가 스트레스 관리에 아주 중요한 출발점이 된다. **이러한 인식이 스트레스 상황에서 전전두엽을 활성화해 스트레스 반응을 억누르고, 이성적이고 효과적으로 대응하도록 돕기 때문이다.**

우리 뇌의 컨트롤 타워라고 할 수 있는 전전두엽은 계획 수립이나 의사결정 같은 고등 기능을 담당하며 오케스트라 지휘자처럼 거의 모든 뇌 부위를 제어한다. 하지만 스트레스 상황에서는 얘기가 달라진다. 스트레스에 노출되면 복잡하고 유연한 사고가 필요한 일의 수행 능력이 떨어지고, 반대로 단순하고 반복적인 일의 수행 능력은 향상된다. 이런 현상이 나타나는 이유는 생존과 관련되어 있어서이다.

즉각적인 위협 상황에서 깊이 생각하고 어떻게 행동할지 결정하는 건 생존에 도움이 되지 않는다. 예를 들어 길을 걷다가 갑자기 공이 날라 올 때 생각할 겨를 없이 몸을 움직여야 공을 피할 수 있다. '공이 얼굴로 날아오니 재빨리 몸을 숙여 피해야겠다'라고 생각하고 몸을 움직이면 공에 맞기 십상이다. 이런 긴급 상황에서 우리 뇌는 과거에 여러 번 했었던, 습관적인 행동을 재빨리 수행하도록 사령탑을 전전두엽에서 편도체와 기저핵[14]으로 전환한다. 오케스트라 지휘자 대신 타악기 연주자가 지휘봉을 드는 것과 비슷하다고 생각하면 이해가 빠르다.

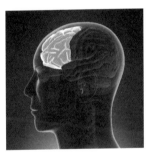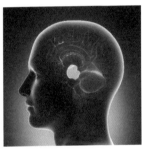

평상시 뇌와 스트레스를 받을 때의 뇌

14  대뇌반구 중심부에 위치해 습관행동을 관장하는 원시적인 뇌 부위

우리가 생활하며 마주하는 크고 작은 스트레스는 사실 그 자체로는 별문제가 되지 않는다. 뇌의 스트레스 메커니즘만 이해하고 있으면 스트레스 상황에 적절히 대응할 수 있기 때문이다. 따라서 임신 기간 스트레스로 인한 여러 부작용을 막기 위해서는 스트레스를 완전히 차단하려 애쓸 것이 아니라, 스트레스 대응시스템이 예민하게 반응하지 않도록 노력해야 한다.

그렇다면 과민하게 반응하는 스트레스 대응시스템을 억제할 수 있는 방법으론 뭐가 있을까? 상황마다 사람마다 다르겠지만, 과학적으로 검증된 방법 가운데 사회적 지지, 운동 그리고 음악을 추천한다. 세 가지 방법 모두 손쉽게 할 수 있고, 의미 있는 효과를 거둘 수 있는 방법이다.

운동과 음악이 태교에 좋다는 사실은 임산부 대다수가 알고 있는 사실이지만, 상대적으로 관심이 덜한 사회적 지지의 경우 그 중요성과 효과에 대해 제대로 아는 사람이 드문 것 같다. 그렇지만 예민한 스트레스 대응시스템의 억제 효과가 큰 운동과 음악도, 단독으로 수행할 때보다 사회적 지지가 함께 할 때 훨씬 큰 위력을 발휘한다.

## 관계 맺음을 갈구하는 뇌

남극 대륙의 독일 연구기지에는 사회와 철저히 차단된 채 연구 활동을 하는 월동대원들이 있다. 보통 1년 넘게 머물기 때문에 극한의 조건에서도 편안하게 생활할 수 있도록 기지 안에는 식당, 운동시설, 문화 및 여가시설 등 각종 편의시설이 잘 갖춰져 있다. 이토록 오랜 시간 단절된 생활을 한 대원들에게는 남극에 오기 전과 비교해 어떤 변화가 생겼을까?

남극기지에 가기 전후로 이들 뇌에 어떤 변화가 있었는지 관찰했는데, 학습과 기억, 공간 탐색을 관장하는 해마 크기가 평균 7.2퍼센트나 줄어있었다. 월동 대원들은 공간 처리 테스트에서도 낮은 인지능력을 보였다. 그뿐만 아니라 신경세포의 생존, 발달, 기능에 필수적인 역할을 하는 물질[15] 역시 감소하였는데, 남극기지 도착 4개월 후부터 낮아지기 시작해 귀국 후 두 달이 지나서도 회복되지 않았다. 이처럼 장기간 제한된 공간에서 소수 사람끼리 맺

───

15　뇌유래신경영양인자(BDNF). 뇌의 회백질과 해마에 많이 분포되어 있다.

는 좁은 사회적 교류는 물리적인 뇌 구조마저 바꾼다.

사회적 동물인 인간은 사람들과의 교류 없이는 건강한 삶을 살아가기 어렵다. 염증을 촉진하는 유전자는 외로운 사람에게 더 많이 발현되는 반면, 염증 억제 유전자는 외로운 사람에게 덜 발현된다. 사회적 교류가 활발한 사람은 뇌 크기마저 커진다. 이러한 사실만 봐도 사회적 교류가 우리 건강에 미치는 영향을 짐작할 수 있다.

## 뇌 건강과 사회적 교류

먼 옛날 우리 선조들은 매머드나 맹수를 사냥하기 위해 집단을 이뤄야만 했다. 생존을 위해 집단을 이루던 습성이 뇌에 프로그래밍되어 있어 우리 뇌를 '사회적 뇌'라고 부른다. 이는 사람뿐만 아니라 동물도 마찬가지이다. 먹이를 찾고, 포식자의 위협을 피하고, 새끼를 돌보기 위해 동물도 집단을 형성한다. 좋아하는 가수의 콘서트에 가서 떼창을 하고 헬스클럽에서 그룹운동을 하는 것도 집단으로 사냥하던 습성과 무관하지 않다.

사회적 교류는 생각보다 우리 정신과 신체 건강에 아주 큰 영향을 미친다. 예를 들어 교도소에서 사고를 치면 독

방에 가두는데, 언뜻 생각하면 여러 명이 불편하게 생활하는 것보다 편하고 좋을 것 같지만, 실제로는 그 반대다. 사회적으로 단절된 삶은 우리 뇌에 치명적이다. 혼자 사는 사람이 결혼한 사람보다 사망률이 높고 질병에 걸릴 위험이 큰 것만 봐도 알 수 있다.

경제적으로 풍요롭고 부족한 게 없는 사람이라도 사회적 교류 없이는 몸과 마음의 행복을 유지하기 어렵다. 사회적 고립으로 생기는 건강상 위험은 흡연과 비견될 정도인데, 소중한 사람과 이별한 경우 우울증에 걸릴 위험이 무려 20배 이상 커진다. 노령층의 경우 사회적 네트워크가 약하면 치매에 걸릴 위험이 60퍼센트나 증가하고, 기대수명 역시 짧아진다. 우울증에 걸릴 확률도 사회적 교류가 활발한 사람에 비해 훨씬 높게 나타난다.

긍정적인 사회적 네트워크는 사망과 질병의 원인으로부터 우리 몸을 지켜주고, 행복감을 높여줄뿐더러 결혼 만족도를 높이고, 자녀와의 관계에도 좋은 영향을 미친다. 특히 스트레스 상황에서 완충역할을 함으로써 심혈관계 질환의 위험을 낮추고 감정 건강에 도움을 주며, 내분비기능과 면역기능도 높여준다.

일반적으로 여성의 사회적 네트워크가 남성보다 더 넓고 친밀하며, 네트워크에서 일어나는 일에도 더 강한 영향을 받는다. 하지만 출산 직후에는 사회적 네트워크가 탄탄한 엄마도 고립감을 느끼기 쉬우므로 배우자나 가족, 친구와의 긍정적 관계를 임신 전부터 잘 유지하는 것이 중요하다.

## 마음도 몸도 아픈 사회적 통증

원치 않는 이별이나 소외감을 느낄 때, 사회적 관계가 단절되거나 거부될 때 우리는 '아픔'을 느낀다. 원래 아픔이란 신체적 통증을 의미하지만, 거의 모든 문화권에서 사회적 거부나 단절로 인한 부정적 감정을 신체적 아픔과 똑같이 표현한다. 실제로 사회적 통증과 신체적 통증은 깊은 연관이 있다.

사회적 통증은 사회적 단절로 경험하는 괴로운 감정으로 소중한 사람을 잃거나 관계가 깨질 때 경험하는 '아픔'이다. 일례로 한 연구에서 70퍼센트가 넘는 응답자가 살면서 가장 괴로웠던 경험으로 죽음이나 이별 등으로 친밀한 사람을 잃었을 때를 꼽았다.

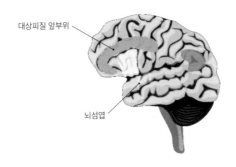

대상피질 앞부위

뇌섬엽

신체적 통증과 사회적 통증의 뇌 신경회로 중첩

이런 아픔은 뇌 신경회로를 살펴봐도 알 수 있는데, 신체적 통증과 사회적 통증은 인지 및 감정조절 등에 관여하는 대상피질 앞부위의 등 쪽에서부터 감각처리, 의사결정 등에 관여하는 뇌섬엽의 앞부위로 이어지는 신경회로를 공유한다. 성격이 전혀 다른 두 종류의 통증인데도 뇌신경회로가 중첩되는 이유가 뭘까? 이는 인간의 생존력을 높이기 위함으로 추정된다. 집단을 벗어나 홀로 생활하면 생존 가능성이 떨어진다. 그래서 사회적 관계가 단절될 때 통증을 느끼게 함으로써 관계를 유지하도록 기능하는 것이다. 같은 원리로 신체적 통증이 있을 때 사회적 지지를 받으면 통증이 감소한다. 사회적 관계에 문제가 생기면 우리 몸의 면역시스템이 가동되어 염증반응이 나타나는데, 특히 사회적 고립과 사람과의 관계에서 오는 스트레스가 염증반응을 유발하는 유전자의 발현을 촉진한다.

사회적 관계 단절과 나에 대한 사회적 평가는 스트레스 대응시스템을 가동시키는 주요 원인 중 하나이다. 그렇기에 긍정적인 사회적 교류가 어느 때보다 중요한 시기가 바로 임신과 출산 후, 즉 태교 기간이라고 할 수 있다. 사회적 관계에 문제가 없는 경우라도 아기가 전적으로 엄마에게 의지하는 출산 초기에는 대부분의 초보 엄마가 사회적으로 배제된 느낌을 받기 쉬우므로 주의가 필요하다.


## 강력한 사회적 지지 효과

자신을 지지하는 인간관계는 행복감과 긍정적 기분을 높여서 태교 기간 신체적, 정신적 변화에서 오는 스트레스를 덜 느끼게 해준다. 가까운 사람들과 자주 교류하는 것이 감정 건강에 확실히 도움이 되는데, 그중에서도 배우자의 지지가 가장 중요하다. 특히 예비 엄마에게 남편과 가족, 가까운 사람들로부터의 지지는 정보를 얻고, 공감받고, 이해받을 수 있는 중대한 원천이 된다.

여기서 꼭 기억해야 할 것은 앞에서 말했듯이 주변 사람들의 실제 도움보다 임산부가 주관적으로 느끼는 지지가 더 중요하단 사실이다. 아무리 남편이나 가족, 친구가 많은 도움을 준다 해도 임산부가 그렇다고 느끼지 않으면 별 효과가 없다. 가까운 사람들한테서 지지받고 있다고 느끼는 임산부는 임신 기간과 출산 후 스트레스에 덜 민감하게 반응한다. 그로 인한 감정 문제 역시 줄어들어 건강한 아기를 출산할 확률이 더 높아진다. 그뿐만 아니라 엄마 역할에 대한 자신감 생성에도 아주 큰 도움이 된다.

임신 기간 경험하는 사회적 지지에 만족하거나 강력한 사회적 네트워크를 갖춘 예비 엄마의 경우 그렇지 않은 엄마보다 저체중아 출산 위험이 낮고, 모유 수유의 어려움도 덜하다. 아울러 친정엄마의 지지는 임신 관련 우울감을 낮춰주므로 임신 기간에 친정엄마와 자주 교류할수록 좋다.

## 소셜미디어와 사회적 지지

코로나19 장기화로 인해 많은 사람이 '코로나 블루'를 경험하고 있다. OECD 보고서에 따르면 코로나 확산 이후 전 세계적으로 불안증과 우울증 발생이 약 2배 늘었다고 한다. 우리나라는 조사 대상인 15개국 가운데 코로나 사태 이후 우울감이나 우울증 비중이 36.8퍼센트로 가장 높았다. 실업, 경제적인 요인 등과 함께 사회적 교류가 단절된 것이 주요 원인으로 조사됐다.

그렇지 않아도 임신과 출산 기간은 스트레스에 취약한 시기인데, 여기에 팬데믹 사태까지 더해져 사회적 네트워크에 심각한 위협을 받고 있다. 코로나 이전에도 출산 경험이 없는 예비 엄마들에게 인터넷 커뮤니티와 소셜미디어는 중요한 사회적 교류의 창구였는데, 사람과 대면하기 어려운 요즘 같은 때에는 그 역할의 비중이 한층 더 커졌다. 많은 엄마들이 인터넷 커뮤니티를 통해 임신과 출산, 육아에 관한 정보를 얻고, 소셜미디어를 통해 다른 엄마들과 교류하며 연대감을 얻는다. 또 출산과 육아로 힘든 게 자신만이 아니라는 데서 적지 않은 위안을 받는다.

주위에 선뜻 물어보기 난감한 질문도 익명성이 보장되

는 온라인상에서는 어렵지 않게 물어볼 수 있어, 많은 엄마들이 육아 퇴근 후 인터넷에 접속한다. 영국의 최대 육아 커뮤니티인 베이비센터 BabyCentre에서 1800명의 예비 엄마와 초보 엄마를 대상으로 한 조사에서 절반에 가까운 응답자가 인터넷이나 SNS를 할 때가 하루 중 가장 평화로운 시간이라고 답했다.

다른 사람과 교류하면서 육아에 필요한 지식과 정보를 얻고, 사회적 지지의 체감도 역시 높아진다는 건 분명 소셜미디어가 갖는 긍정적인 효과지만, 그것이 갖는 역효과도 무시할 수 없다. 과도한 인터넷 사용은 주변 사람들과 지내는 시간을 줄여 더 큰 외로움에 빠지게 만들기 때문이다. 또 인터넷에 접속할 때 임산부 대다수가 핸드폰으로 접속하는데, 핸드폰의 과도한 사용 역시 조심해야 하는 부분이다. 장시간 핸드폰 사용에 따른 유해성에 대해서는 여러 주장이 엇갈리고 있지만, 몇몇 연구에서 임신 기간 과도한 핸드폰 사용을 예비 엄마에게 스트레스와 불안을 유발하는 원인으로 지목하고 있으니 주의하는 것이 좋겠다.

## 배우자와의 관계와 사회적 지지

사회적 지지는 어떻게 우리의 신체 및 정신건강에 그토록 큰 영향을 미치는 걸까? 그 해답은 옥시토신에 있다. 긍정적인 사회적 지지가 옥시토신 분비를 촉진하면 스트레스 대응시스템의 활동이 억제되어 스트레스가 감소하기 때문이다. 따라서 옥시토신의 스트레스 억제 효과를 잘 활용하면 태교 기간 감정 건강에 실질적인 도움을 받을 수 있다.

사회적 지지가 갖는 스트레스 완충효과를 최대한 활용하기 위해서는 그 누구보다 배우자의 역할이 가장 중요하다. 친구나 동료 같은 개인적 네트워크는 불편하거나 부담스러운 관계라면 멀리하면 그만이라서 긍정적인 네트워크가 대부분이다. 하지만 혈연이나 법적으로 맺어진 관계, 즉 가족이나 부부 사이는 아무리 불편해도 일순간에 단절하기 어렵다.

문제는 배우자와의 관계가 항상 지지 관계에 있지 않다는 점이다. 배우자는 최고의 사회적 지지 요인이 될 수도 있고, 반대로 최악의 스트레스 요인이 되기도 한다. 사회적 지지는 남편보다 아내에게 더 큰 정신적 영향을 미치기 때문에 남편과의 긍정적 교류는 태교 기간 엄마의 행복감과 건강 문제에 직결된다.

태교 기간 아기에게 집중하는 것만큼이나 부부관계에 신경 써야 하는 이유가 여기에 있다. 가뜩이나 결혼 만족도가 떨어지는 임신과 출산 시기에 행복한 결혼생활을 유지하기란 쉽지 않다. 건강한 부부관계를 위해선 될 수 있는 한 부부 사이 긍정적 교류를 늘리려는 노력이 필요하다.

**태교 프로젝트 1**

## 음악과 함께 남편이 마사지 해주기

일명 사랑의 호르몬이라 불리는 옥시토신은 사회적 유대감을 높이는 데 중요한 역할을 한다. 특히 부부 사이 친밀한 신체적 접촉은 우리 몸의 옥시토신 분비를 촉진해 스트레스는 낮춰주고 면역력은 높혀준다. 어떤 형태의 접촉이든 효과가 있지만, 그중에서도 포옹과 마사지가 큰 도움이 된다. 특히 마사지는 통증 완화 같은 신체적 효과도 있지만, 감정 건강에도 아주 좋다.

기혼 여성을 세 그룹으로 나누어 모르는 사람들 앞에서 5분간 발표하거나 큰 소리로 암산하는 식으로 스트레스 테스트를 진행했다. 발표 전 첫 번째 그룹은 남편이 10분 동안 목과 머리를 마사지해주고, 두 번째 그룹은 말로 격려하고, 세 번째 그룹은 남편 없이 혼자 시간을 보내게 했다. 테스트 전후로 스트레스 호르몬 수치와 심박수를 측정해보니, 긍정적 신체 접촉을 한 첫 번째 그룹에서 코르티솔 수치와 심박수가 크게 낮아져 스트레스 대응시스템이 억제된 걸 알 수 있었다. 두 번째와 세 번째 그룹에서는 스트레스 감소 효과가 없었다.

또 다른 연구에서도 마사지의 긍정적인 효과를 확인할 수 있었는데, 5주 동안 주 2회 20분씩 마사지를 받은 산모는 5주 후 불안감이 줄었고, 수면의 질이 높아졌고, 허리 통증도 줄었다. 게다가 스트레스 관련 호르몬 수치도 낮아졌고, 출산 관련 부작용도 적었다.

흥미로운 사실은 **남편이 임신한 아내에게 마사지를 해주면 엄마와 아기는 물론이고, 남편에게도 긍정적인 효과가 있다는 점**이다. 한 연구에서 175명의 예비 아빠에게 일주일에 두 번씩 6개월 동안 아내에게 20분 동안 마사지를 하게 했더니, 불안감이 낮아지고, 결혼 만족도가 높아졌으며, 태아애착도 강해진 것으로 나타났다. 다음은 이 연구에 참여한 예비 아빠들의 후기이다.

"내 아내를 편안하게 해주니 내가 편해졌어요."

"뱃속 아기에게 무언가 도움이 된다는 사실이 내게 큰 의미를 줍니다."

이렇듯 임신한 아내에게 마사지라는 '명확한 예비 아빠의 역할'을 짚어주면 임신 기간 모호한 남편의 역할에서 오는 스트레스가 줄어든다. 임신과 출산 과정에 참여한다는 느낌은 예비 아빠의 감정 건강에 많은 도움이 되며, 태교에도 적극적으로 참여하게 해준다. 여기에 더해 아내가 마사지를 받아 편안해지면 남편도 함께 편안해진다. 평소 좋아하는 음악이나 이 책에서 추천하는 태교음악을 들으며 마사지를 해주면 그 효과는 배가된다.

마사지를 할 때는 최소 20분, 주 3회 이상 꾸준히 해야 효과가 있다. 목, 등, 머리, 배를 천천히 문질러주고, 마사지가 끝나면 20초 이상 안아주는 것으로 마무리한다. 특히 아내가 스트레스 받는 일이 있거나 평소보다 힘들어 할 때 아내를 위해 마사지를 해주면 큰 효과를 볼 수 있다.

처음에는 어색할 수 있지만, 집에서도 손쉽게 할 수 있는 방법인 데다가 그 효과도 아주 크기 때문에 일주일에 단 하루라도 아내에게 '마사지 이벤트'를 선물하자.

**태교 프로젝트 2**

## 부부가 함께 여가생활 즐기기

우리나라 사람이 가장 많이 하는 여가활동은 단연 TV 시청이다. 주말에 소파에 편하게 기대어 앉아 간식을 먹으며 TV를 보는 건 가장 쉬운 휴식이며 떨치기 힘든 유혹이기도 하다. 많은 부부가 집에서 드라마나 영화 보기를 즐기는데, 여가활동으로 좋은 선택이 아니다. 장시간 TV 시청은 정신건강에도, 부부관계에도 별로 도움이 되지 않는다.

부부가 같은 취미를 가지면 좋다고들 하는데, 대체 뭐가 좋은 걸까? 결론부터 말하면, 여가활동을 함께 하는 부부는 결혼 만족도가 높고 부부 갈등이 적다. 여가활동과 결혼 만족도에 관한 많은 연구가 일관되게 긍정적 상관관계를 보여준다. 처음 임신한 147쌍의 부부를 대상으로 한 연구에서 출산 전부터 부부가 함께 여가활동을 적극적으로 했을 때, 출산 1년 후 부부 사이 애정이 깊어지고 갈등은 줄어든 것이 확인됐다.

여가활동은 스트레스가 높을 때 더 큰 도움이 돼서, 가뜩이나 스트레스가 많은 임신과 출산 시기 부부가 함께 적극적으로 여가활동을 하면 스트레스도 줄이고 부부관계의 질도 높일 수 있어서 일거양득이다. 출산 후에는 한동안 아기를 돌보느라 여가를 보내기 어려우니 출산을 계획할 때, 여가 계획도 같이 세우는 것이 좋겠다.

부부가 함께 여가활동을 즐기면 부부 사이 긍정적 소통을 높인다. 큰 스트레스가 따르는 역할 전환기에 함께 하는 여가가 적으면 변화에 대한 적응력에 영향을 미쳐 결혼 만족도 저하로 이어지기 쉽다. 출산 전 함께 여가활동을 많이 하면 아기를 낳고 난 후 여가활동이 현저히 줄어들어도 부부관계나 결혼 만족도가 별로 낮아지지 않는데, 이는 함께 여가활동을 하며 생긴 긍정적 소통 패턴 덕분으로 보인다.

부부가 함께 즐기기 좋은 여가활동으론 어떤 게 있을

까? 우선 즐거워야 하고, 개인적으로 의미 있는 일이 좋다. 둘이 함께 즐길 수 있는 일을 찾아 개발하는 게 좋은데, 깊이 고민할 것 없이 그냥 두 사람의 취향에 맞는 일을 찾으면 된다. 저녁 식사 후 함께 배드민턴을 치거나, 오목을 두거나, 보드게임을 하는 것도 좋다.

개인적으로 추천하는 여가활동은 부부가 함께 음악회에 가는 것이다. 음악회는 앞으로 자세히 다룰 음악적 효과와 사회적 지지 효과를 동시에 얻을 수 있다는 장점이 있다. 음악회라니 뭔가 거창하게 들릴 수도 있지만, 잘 찾아보면 우리 주변에도 부담 없이 즐길 수 있는 음악회들이 많다. 그중에서도 부부가 즐겁게 관람하기에 더없이 좋은 음악회를 하나 소개하자면, '더하우스콘서트 The House concert'라는 음악회이다. 관객들이 연주자와 같은 높이의 마룻바닥에 앉아 음악을 듣는 특별한 형태의 공연으로 편안한 상태에서 음악을 감상할 수 있다.

부부가 취향이 너무 달라 함께 즐길 여가활동을 찾기 어렵다면 한 번은 아내가 좋아하는 걸 하고, 그다음엔 남편이 좋아하는 걸 하는 식으로 같이 시간을 보내면 된다. 꼭 같은 활동을 해야 한다는 조건보다는 배우자의 취미활동에 관심 보이며 지지하는 태도가 더 중요하다. **같이 여가활동을 하지 않더라도 배우자의 여가활동을 지지하는 것만으로 유사한 효과를 얻을 수 있기 때문이다.**

예를 들어 배우자가 기타에 관심이 많다면 어떤 기타를 살지 함께 고르고, 기타 강습 동영상 찾아봐주고, 연습한 곡을 진지하게 들어주고, 격려하는 것만으로도 부부가 함께 여가활동을 즐기는 것과 비슷한 효과를 누릴 수 있다.

# 솔루션 2
# 불안과 스트레스를 잠재우는 운동

"항상 좋은 기분이길 원한다면 규칙적으로
약간의 피로감을 느낄 때까지 몸을 움직여야 한다."

레프 톨스토이 《살아갈 날들을 위한 공부》

　동서양을 막론하고, 임신하면 신체활동을 최대한 줄여야 예비 엄마와 태아에게 좋다는 게 전통적인 생각이었지만, 오늘날 적당한 신체활동은 해가 되기보다는 오히려 예비 엄마와 태아의 건강에 도움이 된다는 것이 과학계의 의견이다.
　적당한 신체활동이 좋다는 건 누구나 알고 있는 사실이

지만, 현대인은 많이 움직이지 않는다. 특히 우리나라 여성의 신체 활동률은 2014년 54.7퍼센트에서 2019년 42.7퍼센트로 계속해서 감소하고 있다. 더구나 임신 후엔 신체 활동이 크게 줄어들어 최소한의 권장 운동량도 충족하지 못하는 게 현실이다.

우리나라뿐만 아니라 외국에서도 대부분 예비 엄마의 신체활동은 권장 지침보다 한참 낮다. 미국 보건복지부의 임신 중 신체활동 지침에 따르면 임신 기간 최소 일주일에 150분 이상의 중간 강도의 유산소 운동을 할 것을 권장한다. 그러나 예비 엄마의 신체활동은 대개 임신 2분기에 1분기보다 약간 늘었다가 3분기로 접어들며 현저하게 줄어든다.

물론 격렬하게 몸을 움직이는 것은 예비 엄마와 태아 모두에게 해로울 수 있지만, 적당한 운동은 예비 엄마의 신체 및 정신건강, 결혼생활, 태아의 성장에도 긍정적인 영향을 주기 때문에 불가피한 상황이 아니라면 권장 범위 안에서 규칙적으로 운동하는 것이 좋다.

## 스트레스 체감도를 낮추는 신체활동

운동이 스트레스에 미치는 영향을 알아보기 위해 대학생들을 대상으로 실험을 했다. 20주 동안 꾸준히 유산소 운동을 한 그룹과 운동을 하지 않은 그룹으로 나눠 그룹별로 학기 초(낮은 스트레스)와 기말고사 기간 때(높은 스트레스) 스트레스 반응을 측정했다. 그 결과 유산소 운동을 한 그룹에 속한 학생들의 스트레스 반응이 그렇지 않은 그룹보다 현저하게 낮았다. 이처럼 운동은 불안을 잠재우고 스트레스로 인한 부작용을 줄여주는 효과가 있다.

평소 꾸준히 운동하는 사람은 스트레스 체감도가 낮은데, 이는 스트레스 억제 효과가 운동할 때뿐만 아니라 운동이 끝난 후에도 이어지기 때문이다. 운동은 감정조절 능력도 높여주기 때문에 운동을 꾸준히 하는 사람은 부정적 감정을 잘 다스릴 수 있다.

임신 기간 운동도 확실히 예비 엄마에게 도움이 되지만, 임신 전부터 꾸준히 운동을 한다면 그 효과는 훨씬 크다. 규칙적인 운동은 태아에게도 도움이 되는데, 태반 기능을 향상시키고, 태아가 쉴 때 심박수를 낮춰주고, 신경

발달도 돕는다. 임신 기간 일주일에 3일, 한 번에 30분 이상 운동한 경우 아이의 체내지방 축적이 적고, 언어구사 능력과 학업능력이 다른 아이들보다 높게 나타났다는 연구도 있다. 게다가 지속적인 운동은 체형관리에도 도움이 되고, 자신의 체형에 관한 주관적 이미지, 즉 바디 이미지 body image 를 향상시킨다.

## 바디 이미지

운동이 감정 건강에 좋은 이유는 긍정적인 바디 이미지를 가질 수 있게 돕기 때문이다. 임신과 함께 예비 엄마의 체형은 크게 바뀐다. 특히 임신 초기엔 자신의 체형을 부정적으로 평가하는 경우가 많아 불안과 우울한 감정에 빠지고, 자존감까지 떨어지기 쉽다. 실제로 255명의 임신 여성을 대상으로 한 연구를 보면, 조사 대상의 거의 절반이 자신의 체형에 만족하지 못했으며, 이들의 부정적 바디 이미지는 우울감을 동반했다.

문제는 체형에 대한 불만과 우울한 감정이 극단적인 다이어트로 이어질 수도 있다는 것이다. 출산 전후로 체형을 개선하려는 무리한 다이어트는 엄마와 아기에게 영양

결핍을 가져올 수 있어 두 사람 모두에게 해롭다.

임신 기간 긍정적인 바디 이미지는 예비 엄마의 자존감을 높이고 긍정적인 감정을 불러일으켜 다른 사람과의 관계에도 좋은 영향을 미친다. 아울러 '나 자신'을 잘 받아들일 수 있게 해주어 감정 건강에도 도움이 된다.


## 임신 기간 적정체중의 중요성

보통 임신 기간 체중이 얼마큼 늘어나는지에 대해 관심이 많은데, 사실 그 못지않게 중요한 것이 임신 전 체중이다. 임신 전 체질량지수가 높을수록 임신 기간 예비 엄마의 스트레스 역시 높을 가능성이 크기 때문이다.

임신 전후로 적정체중 유지 여부는 엄마와 태아의 건강을 예측하는 강력한 요인으로 알려져 있다. 임신 전 예비 엄마의 체중이 너무 적게 나가면 태아 성장지연, 저체중아 출산, 조산 등의 위험이 커지고, 반대로 체중이 너무 많이 나가면 임신성 고혈압, 임신성 당뇨병, 거대아 출산 등의 위험이 커질 수 있다.

또한 비만은 모유 수유를 지연시키고, 수유 기간을 단축하는 요인 중 하나이다. 세계보건기구와 유니세프<sup>UNICEF</sup>에서는 출산 후 1시간 안에 모유 수유하는 것을 권장하는데, 태어나자마자 공급되는 모유가 신생아의 생존율을 높이기 때문이다. 출생 후 2~23시간 사이에 수유하는 경우 사망률이 33퍼센트 증가하고, 24시간 이후에는 66퍼세트 증가한다는 연구 결과도 있다. 또한 임산부가 과도하게 체중이 증가한 경우 체형변화와 체중증가에 따른 우려 때문에 모유 수유를 꺼리는 경향이 나타나기도 한다.

체중이 지나쳐도 좋지 않지만, 많은 여성이 체형관리를 위해 혹독한 다이어트를 하는 현실이 문제다. 임신을 계획했다면 그 순간부터 강도 높은 다이어트를 해서는 안 된다. 앞서 말했듯이 임신 전 엄마의 영양 상태도 태아에게 영향을 미치기 때문이다. 너무 말라도, 너무 쪄도 문제인 몸무게. 나의 현재 체중이 정상 범위에 드는 적정체중인지 알아보자.

적정체중은 체질량지수<sup>BMI, Body Mass Index</sup>를 계산해보면 알 수 있는데, 몸무게($kg$)를 키의 제곱($cm^2$)으로 나누면 된다. 예를 들어 키가 163$cm$고 몸무게가 54$kg$이라면 54÷

1.63×1.63=20.32가 된다. 그럼 이 체질량지수는 정상 수치
일까? 적정체중 범위는 다음과 같다.

| 저체중 | 정상 | 과체중 | 비만 |
|---|---|---|---|
| 체질량지수 | 18.5 | 23 | 25 |

국내 연구에 따르면 많은 우리나라 여성이 정상체중임
에도 불구하고 본인이 과체중이라고 생각하고 있으며, 저
체중인 여성들도 자신의 체중에 만족하지 않고 체중 감량
을 위해 무리하게 다이어트를 하기도 한다.

그러나 임신을 계획하고 있고 건강한 아기를 낳고 싶다
면, 임신 전 체질량지수가 18.5~22.9 사이의 정상 범위에
있는 게 좋다. 임신 기간 다이어트로 충분한 영양분이 태
아에게 공급되지 않으면, 태아의 몸은 중요한 장기들을
발달시키기 위해 일차적으로 지방세포의 발달을 지연시
킨다. 문제는 출생 후 영양결핍 환경에서 벗어나 모유나
분유로 충분한 영양분이 공급되면 태아 때 미뤄졌던 지방
세포들의 축적이 내장의 지방저장 공간에 빠르게 이루어

진다는 것이다. 이 아이들은 내장비만이 되기 쉽고 성인이 되어 당뇨병에 걸릴 확률도 높아진다.

그렇다면 임신 기간에는 얼마만큼 체중이 증가해야 엄마와 아기의 건강에 아무런 문제가 없을까? 지금까지 세계적으로 가장 널리 사용되는 권장 기준은 미국 의학연구원 Institute of Medicine [16]에서 2009년에 개정한 것이지만, 이는 서구인을 기준으로 한 것이라 우리에게 그대로 적용하기에는 문제가 많다. 서구인과 동양인은 골반 형태, 체지방 분포 등 신체적 차이가 있으므로 체질량지수가 25 미만으로 정상이라고 안심해선 안 된다. 체질량지수가 정상이라도 동양인은 당뇨병이나 심장질환을 겪을 가능성이 더 크기 때문이다. 따라서 동양인을 위한 새로운 체질량지수 기준을 마련할 필요가 있다.

지금까지 알려진 권장 기준은 체중증가 범위가 모두 제각각이라 명확한 기준을 제시하긴 어렵다. 그나마 최근 10만 명이 넘는 여성을 대상으로 한 연구에서 제시한 권장 지침이 가장 참고할 만해 여기에 소개한다.

---

16   현재는 미국 국립의학학술원(National Academy of Medicine)

| 임신 전 체질량지수에 따른 체중 군 | 임신 기간 최적 체중증가 범위 |
| --- | --- |
| 저체중 (<18.5) | 10~13.8kg |
| 정상체중(18.5~22.9) | 10~13.7kg |
| 과체중(23~24.9) | 8.5~11.4kg |
| 비만(25~29.9) | 5~13kg |

## 똑똑한 체중 감량

체중을 감량할 때는 절대 한 번에 급격하게 살을 빼서
는 안 된다. 음식물 섭취가 현저히 줄어들면 우리 뇌는 이
를 기근 상태로 인식해서 신진대사율을 낮춰서 원래 체중
으로 돌아가려는, 일명 요요 현상이 나타난다. 따라서 굶
어서 살을 빼기보다는 바른 생활습관과 운동을 통해 조금
씩 천천히 감량하는 것이 좋다. 실제로 단기간에 체중의
10퍼센트 정도 감량한 사람의 대부분은 5년 안에 체중이

---

17   Nomura, et al. (2019). Application of Japanese guidelines for gestational weight gain to multiple pregnancy outcomes and its optimal range in 101,336 Japanese women

원상 복귀한다고 알려져 있다.

출산 후 임신 전 몸무게로 돌아갈 수 있을지 아닐지는 임신 기간 증가한 몸무게와 관련이 있다. 임신 기간 과다한 열량 섭취로 급격히 체중이 불어나면 출산 후 원래 몸무게로 돌아가기 힘들다. 에너지로 다 쓰지 못한 여분의 열량은 우리 몸의 지방세포를 비대하게 만들고, 시간이 지나면 새로운 지방세포들을 증식시킨다. 지방세포 증식 단계로 가면 다시 원래 체중으로 돌아가기 매우 어렵기 때문에 살이 찌는 초기 단계에 적극적으로 체중조절을 해야 한다. 특히 임신 중에는 체중조절이 쉽지 않으므로 이 기간에 지나치게 체중이 늘지 않도록 관리하는 것이 출산 후 감량보다 현실적인 방법이다.

체중조절에 있어 스트레스 관리도 중요하다. 스트레스를 받으면 과식과 폭식을 하기 쉬워 체중증가로 이어질 가능성이 클 뿐만 아니라, 스트레스 호르몬이 지방세포에 작용해 내장지방으로 쌓이기 때문이다. 게다가 피로감이 높은 예비 엄마는 임신 중반에 더 많은 음식을 섭취하는 경향이 있으니 과도한 피로감을 느끼지 않도록 조심하는 것이 좋다.

## 임신 기간 적당한 운동

　임신 기간 적당한 운동은 태아와 예비 엄마에게 여러모로 도움이 된다. 그렇다면 이 시기 적당한 운동이란 얼마나 자주, 어떤 강도로 운동하는 것을 말하는 것일까? 우선 의사에게 임신 중 운동해도 괜찮은지 확인 후 운동을 시작하는 것이 가장 안전하다.

　임신 전에도 규칙적으로 운동을 해온 사람이라면 그 패턴을 계속 유지하면 되지만, 그렇지 않은 사람이라면 운동 강도를 조절할 필요가 있다. 약한 강도에서 시작해 서서히 운동량을 늘려가되 중간 강도를 넘기지 않는 것이 좋다. 여기서 중간 강도는 빨리 걷기 정도의 힘들기라고 생각하면 된다. 적당한 강도의 운동은 예비 엄마와 태아의 건강에 도움이 되지만, 심한 강도의 운동이나 신체활동은 반대 효과를 낳을 수 있으므로 주의가 필요하다. 일례로 일주일에 270분 넘게 운동하는 경우 임신중독증에 걸릴 위험이 커진다.

　《톰 소여의 모험》으로 우리에게 친숙한 소설가 마크 트웨인은 자서전에 이런 말을 남겼다. "나는 잠자는 것과 쉬는 것을 제외하고, 어떠한 형태의 운동도 한 적이 없다. 그리고 앞으로도 전혀 할 생각이 없다. 운동은 혐오스럽다. 그리고 피곤할 때 운동하면 어떤 효과도 볼 수 없다. 나는 항상 피곤하다."트웨인처럼 운동을 너무 싫어하는데 건강을 생각해서 억지로 하면 오히려 스트레스 요인으로 작용할 수 있다. 운동을 싫어한다면 운동 대신 다른 방법으로 신체활동을 늘리면 된다. 꼭 운동복을 갖춰 입고 체육관에 가서 땀을 흘려야지만 효과가 있는 건 아니다.

임신 중 하기 좋은 운동으로는 요가나 스트레칭, 실내 자전거 타기 등이 있는데, 그중에서 가장 안전하면서도 손쉬운 운동은 바로 걷기다. 걷기는 예비 엄마와 태아 모두에게 이로운 운동으로 평소보다 약간 빠른 속도로 걸으면 다음과 같은 효과를 얻을 수 있다.

- 임신성 당뇨병, 임신중독 등 임신 관련 질병이 생길 위험 감소
- 적정 증가범위를 초과해 체중이 증가할 위험 29~44퍼센트 감소
- 산후 체중정체 위험 감소
- 극심한 피로감, 요통, 입덧 등 임신 관련 불편함 감소

- 난산, 저혈당증 등 출산 관련 위험 감소

- 기형아, 저체중아나 과체중아 출산 위험 감소

걷기의 또 다른 장점은 일부러 시간을 내서 체육관이나 수영장 같은 시설을 찾지 않더라도 언제 어디서든 내가 원할 때 할 수 있는 운동이라는 점이다. 많은 사람들이 시간 부족, 피로, 신체적 불편함을 들어 운동하기를 주저하는데, 걷기는 이러한 제약에서 비교적 자유로운 이상적인 운동 방법이라 할 수 있다.

미국 인디아나 대학에서 실시한 연구에서 피트니스 센터에 부부가 함께 다닐 때와 부부 중 한 사람만 다닐 때를 비교해 어떤 차이가 나는지 살펴보았다. 그 결과 부부가 함께 운동하는 그룹이 더 자주 체육관에 나왔고, 중간에 그만두는 비율도 적었다. 중간에 왜 운동을 그만두는지도 조사했는데, 집안일의 부담과 배우자의 지지 부족이 주요 원인으로 꼽혔다. 이 연구 결과가 뜻하는 바는 명확하다. 부부가 함께 운동하면 중간에 그만두지 않고 꾸준히 해나가기가 더 쉽다는 것이다. 걷기도 마찬가지이다. 부부가 함께 걸을 때 최대의 효과를 누릴 수 있다.

태교 프로젝트 3

## 햇볕을 받으며 부부가 함께 손잡고 발맞춰 걷기

현대인은 실내에서 생활하는 시간이 밖에서 보내는 시간보다 압도적으로 많다. 실내 근로자의 경우 하루 일조량의 3퍼센트도 채우지 못한다. 흔히 일조량이라고 하면 비타민 D만 생각하기 쉬운데, 햇볕은 우리 뇌의 생체시계에도 큰 영향을 미친다.

햇볕을 쬐면 망막세포(감광신경절세포)가 시상하부[18]의 시계 역할을 하는 부위에 전기신호를 보내 뇌의 생체시계가 24시간 주기를 갖게 된다. 그래서 오전 일찍 햇볕을 받을수록 수면의 질이 높아진다. 햇볕은 우리 기분에도 영향을 미치는데, 일조량이 부족한 겨울철엔 다른 계절보다 우울증에 걸리기 쉽다. 정기적으로 적당량의 햇볕을 쬐면 엔도르핀이 생성되어 기분이 좋아지고, 비타민 D를 합성함으로써 우리 몸의 면역력을 높여 유방암, 전립선암 같은 질병을 예방하는 데도 도움이 된다고 알려져 있다.

---

18  뇌 부피의 1퍼센트를 차지할 정도로 크기는 작지만, 우리 몸의 항상성을 관장한다.

이렇듯 임신 기간 햇볕을 쬐며 걷는 일은 예비 엄마와 태아의 건강에 많은 도움이 된다. 여기에 한 가지를 더하면 그 효과를 최대한으로 누릴 수 있는데, 바로 발을 맞춰 걷는 것이다. 노젓기처럼 다른 사람과 동시에 같은 행동을 하면 긍정적 감정이 생기고, 경계심이 낮아져 유대관계 강화에 도움이 되며, 결속감과 협동심이 높아진다.

따로 시간을 내서 걷는 것도 좋지만, 아침 출근 시간에 걷는 것을 추천한다. 대중교통을 이용해 출근할 때 남편과 함께 버스 정류장이나 지하철역까지 30분 이상 걸어가는 것이다. **아침 햇볕을 받으며 남편과 손잡고 발맞춰 걸으면 우리 몸에 옥시토신과 엔도르핀이 분비되어 스트레스는 줄고, 면역력은 높아지며, 기분전환에도 도움이 된다.** 부부 사이 유대감을 높이기에도 이만한 방법이 없다. 그러니 날씨가 허락하는 한 최대한 배우자와 함께 따뜻한 햇볕을 받으며 발맞춰 걸어보자.

## 솔루션 3
## 원초적으로 위안을 주는 음악

"저녁 식사 후 안드레이 왕자의 요청으로
나타샤는 클라비코드를 치며 노래를 부르기 시작했다.
안드레이 왕자는 창가에 서서 숙녀들과 이야기를 나누며
그녀가 부르는 노래를 들었다. 노래가 들려오던 어느 순간,
안드레이 왕자는 갑자기 눈물로 목이 메어와
말을 멈췄다. 그는 자신이 이런 경험을 할 수 있을 거라
꿈에도 생각지 못했다. 나타샤가 노래 부르는 모습을 바라보며
뭔가 새롭고 더없이 행복한 느낌이 그의 영혼을 가득 채웠다."

레프 톨스토이 《전쟁과 평화》

음악에는 전쟁을 멈추기도 하고, 삶과 죽음의 갈림길에
서 사람을 삶의 길로 이끌 만큼 강력한 힘이 있다.

미국의 소설가 윌리엄 스타이런 William Styron 은 오랫동안
우울증으로 괴로워하다 더 견디지 못하고 삶을 마감하기

로 마음먹었다. 이 결심을 실행에 옮기려고 한 그날 밤, 무심코 튼 영화에서 그의 인생을 송두리째 바꿀 음악이 흘러나왔다.

스타이런은 《보이는 어둠》이라는 제목의 회고록에서 그때의 느낌을 생생히 묘사했다. "모든 음악에 대해, 모든 즐거움에 대해 – 몇 달 동안이나 아무 느낌이 없던 내게 – 그 소리는 마치 비수처럼 내 심장을 파고들었고, 이 집에 살며 있었던 모든 즐거웠던 기억이 물밀듯이 밀려왔다. 이 방 저 방을 뛰어다니던 아이들, 축제, 사랑과 작업, 성실하게 일하고 난 뒤의 잠…. 내가 사랑하는 사람들과 엮인 이 기억들은 너무나 소중해서, 작정하고 포기하려 해도 그럴 수 없는 영역에 있다는 걸 깨달았다. 그리고 내가 내 삶을 이렇게 끝낼 수 없다는 걸 절실히 깨달았다. 내가 치명적인 곤경의 끔찍한 차원에 빠졌다는 걸 알아차릴 마지막 한 가닥의 분별력을 겨우 되찾았다."

죽음의 문턱까지 갔던 스타이런은 우울증 치료를 받고 다시 작가로 재기했다. 그날 밤 그를 살렸던 음악은 브람스의 〈알토 랩소디〉였는데, 그 노래는 그의 어머니가 자주 불렀던 노래였다.

평소에 우리는 음악을 자주 듣는다. 운동 중에, 출퇴근 시간에, 공부하면서도 음악을 듣는다. 그리고 기쁠 때도, 우울할 때도 음악을 듣는다. 음악이 불러일으키는 다양한 감정은 음악의 가장 중요한 기능이자 우리가 음악을 듣는 이유이기도 하다. 음악을 들으면 청각 관련 부위를 비롯한 많은 뇌 부위가 동시에 활성화되는데, 이렇게 한 번에 다양한 부위가 연관되는 일은 사회적 지지 말고는 찾아보기 어렵다.

음악을 통한 감각 자극은 여러 뇌 부위에 작용하여 자율신경계와 내분비계에 영향을 미친다. 이 자극은 뇌 부위의 신경세포 활동을 변화시킬 만큼 강력한 힘을 지니고 있다.


## 뇌의 보상회로를 자극하는 음악

왜 음악을 들으면 기분이 좋아지고 편안해질까? 영국 가수 에릭 클랩턴의 말에서 그 답을 찾을 수 있다. "음악에는 원초적으로 위안을 주는 무언가가 있다. 음악은 내

신경계에 바로 작용해서, 키가 30센티미터는 커진 것 같은 느낌을 들게 한다."

좋아하는 음악을 들으며 나도 모르게 어깨를 들썩이고, 발장단을 맞추고, 미소를 지었던 경험이 다들 한 번쯤은 있을 것이다. 이는 음악이 운동중추를 활성화해 리듬에 맞춰 몸을 움직이게 하기 때문이다. 행복한 음악은 대관골근zygomatic muscle 을 자극하여 입꼬리를 올려 미소짓게 하고, 슬픈 음악은 눈썹주름근corrugator muscle 을 자극해서 미간에 세로 주름을 만든다. 이러한 근육 운동은 행복감이나 슬픔 같은 주관적 감정을 불러일으키는 데에도 역할을 하는데, 음악은 이처럼 음악이 지니는 감정을 듣는 사람에게 '전이'시키는 효과가 있다.

대관골근과 눈썹주름근

우리가 음악을 듣고 즐거움을 느끼는 것은 우리 뇌의 보상회로와 오피오이드 시스템 덕분이다. 앞에서 설명했듯이 뇌의 보상회로는 일차적으로 생존에 도움이 되는 행동을 할 때 즐거움을 느끼게 해 그 행동을 계속하도록 유도한다. 언뜻 생각하면 음악과 생존이 무슨 관계인가 싶지만, 음악은 사람들 간의 결속을 높임으로써 생존에 도움을 준다. 그래서 음악을 들으면 우리 뇌의 보상회로가 작용해 즐거움을 느끼는 것이다.

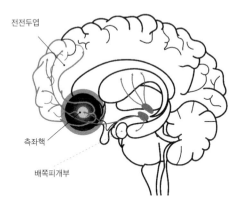

전전두엽

측좌핵

배쪽피개부

보상회로의 주요 부위

뇌의 오피오이드 시스템에서는 엔도르핀이 나오는데, 엔도르핀은 혈중 스트레스 호르몬 수치를 감소시킨다. 오피오이드opioid는 아편에서 유래한 말로, 엔도르핀은 실제로 우리 뇌에서 아편이나 모르핀과 똑같은 수용체와 결합한다. 엔도르핀은 내부라는 뜻의 'endo'와 'morphin'이 결합한 단어로, 체내에서 분비되는 모르핀이라는 뜻이다. 통증 감소, 기분 상승과 관련이 있는데 모르핀보다 훨씬 강력한 효과가 있다.

스트레스 호르몬이 낮아지면 우리 뇌는 더 행복하다고 느끼게 되는데, 좋아하는 음악을 들을 때 기분이 전환되는 이유도 여기에 있다. 음악을 들을 때 보상회로와 오피오이드 시스템이 서로 시너지 효과를 내서 즐겁고 편안한 기분이 들게 만드는 것이다.

## 우리 뇌의 음악 처리 프로세스

소리는 파동의 형태로 귀에 전달되어 고막을 진동해서 외이, 중이, 내이를 거쳐 청각 신경에 다다른다. 거기서 전기신호로 전환돼서 뇌줄기의 청각 자극을 통해 의식 수준을 관장하는 부위(망상활성계)로 보내지고, 그 후 감각 정보의 중계소 역할을 하는 부위(시상)를 거쳐 뇌의 여러 부위로 전달된다. 이렇게 뇌의 여러 부위가 관여하는 복잡한 과정을 거친 후에야 음악을 들을 때 생기는 다양한 감정을 경험할 수 있다. 음악은 상상력을 자극해서 감정과 기분을 결정하는 시상과 여러 감정 관련 뇌 부위의 자율반응을 끌어낸다. 음악을 들을 때 보통 우측 뇌가 활성화되는데, 직업 음악가의 경우 좌측 뇌가 더 활성화된다. 창의적인 우측 뇌는 멜로디와 음색을 인지하고, 논리적인 왼쪽 뇌는 리듬과 피치를 관장한다.

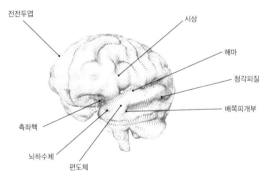

음악을 들을 때 활성화되는 주요 뇌 부위

## 음악의 다양한 기능

1998년 장거리달리기 대회에서 에티오피아의 게브르셀라시에 Gebrselassie 선수는 주최 측에 시합 때 자신이 평소 즐겨듣던 팝송을 틀어달라는 특이한 요청을 했다. 경기가 끝난 뒤 가진 인터뷰에서 그는 리듬에 맞춰 자기 페이스대로 달린 덕분에 세계신기록을 낼 수 있었다고 말했다. 그리고 2006년 국제육상경기연맹은 음악의 경기력 향상 효과를 이유로 들어 경기 중에 음악을 트는 것을 금지했다.

이러한 음악의 효과는 사람에게만 국한되지 않는다. 최근 연구에서 음악이 치즈 숙성에 어떤 영향을 미치는지 실험을 했는데 치즈를 숙성할 때 음악을 계속 틀어줬더니 맛이 더 부드러워졌다고 한다. 어디 그뿐이랴. 고대 그리스 시대부터 음악은 질병 치료 목적으로도 사용되었다. 음악은 스트레스 감소에도 탁월한 효과를 보이는데, 심장이 빨리 뛰고 혈압이 높아지는 생리적 반응과 걱정, 불안, 우울감 등의 정서적 반응을 낮춰주는 데 도움을 준다. 이러한 음악의 힐링 효과는 스트레스 대응시스템을 억제하기 때문인데, 특히 스트레스 상황에서 편도체의 활동을 억제해 스트레스 반응을 낮추고, 행복감을 불러온다. 게다가 좋아하는 음악을 들으면 기억을 관장하는 해마가 활성화된다. 음악을 들으며 느낀 행복감, 즐거움 등의 강한 감정 자극이 장기 기억에 영향을 미치기 때문이다.

또 다른 음악의 주요 기능은 바로 사회적 기능이다. 뇌 구조적으로 엔도르핀과 음악 관련 유전자는 모두 사회적 유대관계와 소통에도 관여한다. 그래서 음악을 들을 때 혼자 듣는 것보다 여럿이서 함께 들을 때 스트레스 감소 효과가 더 크고, 긍정적 감정도 커진다.


## 노래 부르기의 놀라운 효과


노래는 인류의 시작과 함께했다고 해도 과언이 아니다. 우리 조상은 농사를 지을 때 농가를 부르며 피곤함을 달랬고, 바다에서 노를 저을 때도 노래를 불렀다. 사회적 결속을 높이기 위해 노래도 진화해온 것으로 여겨지는데, 잘 모르는 사람들과 있을 때도 함께 노래를 부른 집단이 노래를 부르지 않은 집단보다 훨씬 유대관계가 빨리 생긴다.

태교음악 하면 음악을 듣는 것만 생각하지만, 수동적인 음악감상보다 직접 노래를 부르는 게 신체와 감정 건강에 훨씬 유익하다. 노래를 부르면 뇌의 옥시토신 활동이 증진되어 스트레스 대응시스템이 억제되고, 사회적 유대관계가 강화되며, 면역물질이 활성화된다. 실제로 6개월간 성악 레슨을 받은 사람들을 대상으로 한 연구에서 전공자와 비전공자 모두 옥시토신 수치가 현저히 높아졌다.

우리 몸의 주요 항체인 이뮤노글로빈 A immunoglobulin A 수치는 노래를 들을 때보다 직접 부를 때 훨씬 높아진다. 만성적인 스트레스에 시달리면 이뮤노글로빈 A 수치가 낮아지기 때문에 스트레스에 취약한 임신과 출산 기간 자주 노래를 부르면 면역력 저하를 막는 데 도움이 된다.

음악을 들을 때와 마찬가지로 노래를 부를 때도 다른 사람과 함께 부를 때 그 효과가 훨씬 커진다. 혼자 노래할 때와 여럿이 노래할 때 행복감을 비교한 연구에 따르면, 합창단에서 노래 부를 때가 혼자 노래 불렀을 때보다 더 큰 행복감을 느꼈다. 팀 스포츠에 참여했을 때도 비슷한 효과를 누릴 수 있는데, 행복감 정도는 합창단 활동과 비슷했지만, 더 큰 결속감과 의미를 느낀 활동은 단연코 합창단 활동 쪽이었다. 이처럼 함께 노래하면 다른 어떤 행위보다도 더 큰 행복감과 결속감을 경험할 수 있다.

노래 부르기는 아기와의 애착관계 강화에도 좋다. 최신 연구에서 예비 엄마들을 노래를 부른 그룹과 그냥 듣기만 한 그룹으로 나누어 어떤 그룹에서 스트레스 감소 효과가 더 큰지를 분석했다. 당연히 노래를 부른 그룹이 듣기만 한 그룹보다 현저하게 코르티솔 수치가 낮아지고, 태아 애착 또한 강해진 걸 확인할 수 있었다. 평소 전혀 노래를 부르지 않던 여성도 아기에게는 본능적으로 노래를 불러 주는데, 이는 아기와의 애착관계를 강화하기 위한 진화의 산물로 보인다.

태어난 지 얼마 안 된 아기도 리듬과 멜로디, 음의 높낮이를 구분할 수 있는데, 태아의 청각 시스템은 대략 25주에서 26주 사이면 기능하기 시작하여 다양한 청각 자극에 반응을 보인다. 엄마가 아기에게 쓰는 특유의 말투 motherese, 즉 높은 피치와 느린 반복, 멜로디가 섞인 말에서 노래 부르기가 생겨난 거라 여겨지는데, 아기는 일반적인 말투보다 엄마의 말투에 더 집중한다.

그리고 말보다는 노래를 더 좋아하는데, 특히 엄마가 불러주는 노래를 좋아한다. 따라서 임신 기간은 물론이고, 출산 후에도 아기에게 노래를 자주 불러주면 아기와 애착 관계에 도움이 된다. 하지만 우울한 엄마가 들려주는 노래는 애착관계 강화에 별 효과가 없다고 알려져 있으므로 무엇보다 엄마의 감정 관리에 신경을 써야 한다. 또한 아기는 엄마가 불러주던 자장가를 기억해서, 심하게 울 때 태아 때부터 들었던 익숙한 자장가를 불러주면 감정을 진정시키는 데 도움이 된다.

## 음악을 통한 감정 관리

'태교'하면 음악을 먼저 떠올리는 사람이 많다. 음악은 언제 어디서든 접할 수 있고, 큰 비용이 들지도 않거니와 그 효과도 뛰어나 예비 엄마라면 누구나 음악으로 태교할 정도이다. 하지만 가장 대중적인 태교 방법임에도 불구하고 왜 태교에 음악이 좋은지, 어떤 음악이 좋은지, 어떻게 듣는 게 좋은지 제대로 아는 이는 드문 것 같다. 클래식 음악을 들으면 아이 머리가 좋아진다고 하니 그냥 클래식

모음집을 틀어놓는 수준이다.

사실 인터넷을 검색해서 나오는 태교음악에 대한 정보
는 그 과학적 근거가 다소 부족하다. 모차르트 음악을 들
으면 공간지각 능력이 좋아진다는 연구 결과가 90년대 초
학술지 〈네이처〉에 실리며 '모차르트 이펙트 Mozart effect'가
한동안 선풍적인 인기를 끌기도 했지만, 후속 연구에서
별다른 효과가 없음이 밝혀지기도 했다.

흔히 태교음악을 뱃속 아기에게 들려주기 위한 음악이
라 생각하기 쉽지만, 어디까지나 **태교음악의 핵심은 태교
기간 음악을 통해 엄마 아빠의 건강한 감정을 유지하는
데 있다.** 물론 음악은 태아에게도 긍정적인 영향을 주지
만, 그보다는 엄마 아빠의 감정 건강에 도움을 줌으로써
스트레스로 인한 다양한 부작용을 막아주고 편안한 자궁
환경을 만드는데 더 큰 의미가 있다.

또한 태교음악은 효과적인 감정조절을 통해 임신과 직
접 관련된 불안과 스트레스를 낮추는 데 크게 이바지함으
로써 출산 시 각종 부작용의 위험을 줄여준다. 음악은 수

면의 질을 높이는 데도 탁월한 효과가 있다.[19] 마음이 진정되는 조용한 음악이나 좋아하는 음악을 자기 전에 들으면 정신적 흥분이 억제되고, 더 나은 수면을 위한 물리적, 인지적 반응이 조성되어 수면의 질이 높아진다.

이제껏 살펴봤듯이 음악이 아기와 임산부에게 다양한 측면에서 긍정적 영향을 주는 건 확실하다. 그렇다면 엄청나게 많은 음악 중에서 어떤 음악을 듣는 게 가장 효과적일까? 아마 음악태교를 시작하는 모든 예비 엄마들의 공통된 궁금증일 것이다.

'태교음악 = 클래식'이라는 공식에 따라 모차르트나 쇼팽의 음악을 틀어놓지만 지루하기만 하다. 그도 그럴 것이 통상 클래식 음악을 좋아하는 사람은 인구의 3퍼센트 정도에 불과하다고 알려져 있다. 아무리 아기를 위한다고 해도 좋아하지 않는 음악을 억지로 듣는 게 도움이 될까? 당연히 아니다. 오히려 스트레스 요인으로 작용해 의도와는 달리 좋지 않은 결과를 낳을 수 있으므로 클래식 음악

---

19  수면에 어려움이 있는 121명의 임부를 두 그룹으로 나누어 한 그룹만 2주 동안 매일 자기 전 30분 이상 음악을 듣게 했다. 2주 후 음악을 들은 그룹에서만 스트레스와 불안감이 크게 낮아지고, 수면 질이 높아졌다.

을 고집할 필요가 전혀 없다. 사실 장르와 상관없이 어떤 음악을 들어도 태교에 도움이 된다.

누군가 추천해준 음악을 수동적으로 듣는 것보다는 내가 좋아하는 음악을 골라서 듣는 게 스트레스를 낮추는 데 더 효과적이다. 평소 즐겨 듣거나, 들어서 기분 좋은 음악이면 클래식이건 팝이건 가요건 크게 중요하지 않다. 장르와 상관없이 내가 들어서 좋고 편안함을 느끼는 음악이면 다 좋다. 굳이 좋아하지 않는 데도 남들이 좋다는 음악을 듣는 건 태교에 전혀 도움이 되지 않는다. 들을 때 정말 좋다는 느낌이 들어야 음악이 주는 여러 가지 긍정적 효과를 누릴 수 있다. 다만 헤비메탈, 록 음악, 테크노 음악은 우리 뇌가 음악을 스트레스 상황으로 받아들일 수도 있어 웬만하면 피하는 것이 좋겠다.

추천 음악보다 직접 선곡한 음악을 들을 때 스트레스 감소 효과가 큰 이유는 어떤 음악을 들을지 고르는 과정 자체가 즐거운 일이기도 하거니와, 내가 주도적으로 음악을 고르는 과정에서 주관적인 '통제력'을 느껴 음악을 고를 때부터 스트레스 감소 효과가 나타나기 때문이다. 어떤 음악이든 내가 좋아하는 음악이면 스트레스를 낮추는

데 도움이 되지만, 특히 힐링 효과가 큰 음악이 있다.

과열된 스트레스 대응시스템을 진정시켜 호흡을 느리게 하고, 심박수와 혈압을 낮추고 편안함을 느끼려면, 아무래도 빠르고 시끄러운 음악보다는 잔잔하고 부드러우면서 느린 음악이 좋다. 편안한 감정은 불안감과 공존할 수 없으므로 음악을 통해 편안한 생리적 반응이 생기게 되면 불안감은 저절로 낮아진다. 구체적으로 가장 적당한 템포는 휴식 시 사람의 심장박동수와 비슷한 분당 60~80비트이며, 이 템포일 때 가장 편안함을 느낄 수 있어 스트레스 감소 효과도 제일 크다.

적당한 템포와 함께 부드러운 멜로디 라인, 기분 좋은 화음, 급격하게 변하지 않는 규칙적이고 반복되는 리듬이 동반되는 노래면 좋다. 느리고 안정적인 리듬의 잔잔한 음악이 우리 몸의 리듬, 즉 심박수를 조정함으로써 스트레스를 낮추고, 오피오이드 시스템을 통해 스트레스 완충 작용을 하므로 태교에 효과적이다. 한마디로 안정적이고 반복적인 리듬에 아름다운 멜로디를 가진 음악이 스트레스로 상황에서 우리 뇌를 의미 있고 기분 좋은 청각 자극에 집중하게 함으로써 임신과 출산 관련 불안감을 예방하거나 낮춰줄 수 있다.

어떤 음악을 듣느냐만큼 어떻게 듣는지도 중요한데, 60
데시벨 이하로 들을 때 진정 효과가 가장 크다. 60데시벨
이 어느 정도의 크기냐 하면 조용한 식당이나 카페에 갔
을 때 흘러나오는 음악 크기 정도라고 생각하면 된다. 임
신 기간 듣는 음악은 태아에게도 영향을 미쳐 시끄러운
음악은 태아의 심박수를 빨라지게 하고, 신체 움직임도
증가시킨다. 반면 조용하고 부드러운 음악은 태아의 심박
수를 느리게 하고 움직임을 줄여주니, 너무 큰 소리로 음
악을 듣지 않는 게 좋다.

음원을 통해 듣는 음악과 라이브 음악 중에는 라이브
음악을 듣는 게 스트레스 감소 효과가 훨씬 크다. 앞에서
적극 추천했듯이 부부가 함께 음악회에 자주 가면 음악의
효과와 사회적 지지 효과를 동시에 누릴 수 있어 태교 기
간 감정 건강에 더없이 좋다. 가사가 있는 음악과 없는 음
악 중에 어느 게 더 효과적인지 궁금해하는 사람도 많은
데, 가사 내용이 지나치게 자극적이거나 어둡지만 않다면
가사가 있고 없고는 별로 중요하지 않다.

음악을 언제, 어떻게 듣는지에 따라서도 스트레스 감소

효과에 차이가 난다. 하루 중에는 늦은 오후나 저녁에 음악을 들을 때 가장 효과가 크다. 그리고 가만히 앉아서 듣는 것보다 리듬에 맞춰 적당히 몸을 움직이며 들을 때 효과가 더 좋다.


## 태교 프로젝트 4
## 스트레스 상황 전에 음악 듣기

음악이 스트레스 감소에 효과가 있다고 하니까 흔히 스트레스 상황에서 음악을 듣는 것만 생각하는데, 평소에 음악을 들어두면 스트레스 예방에 탁월한 효과가 있다. 2001년 호주에서 87명의 대학생을 대상으로 한 연구에서 이들에게 5분간 전공 내용으로 발표를 하게 해서 인위적으로 스트레스 상황을 만들었다. 한 그룹은 파헬벨의 〈캐논〉을 들으며 발표 준비를 하고, 다른 그룹은 음악 없이 발표 준비를 마친 후 각각 스트레스 반응을 측정했다. 음악을 들은 그룹에서는 불안감, 심박수, 혈압의 증가 등 스트레스 반응이 훨씬 낮았다. 수술을 앞둔 환자들을 대상으로 한 연구에서도 수술 전 음악을 들은 환자들이 불안감, 심박수, 혈압, 혈당 등의 스트레스 반응이 음악을 듣지 않은 환자들보다 낮아 음악이 스트레스 예방에 효과가 있음이 입증되었다.

**특별히 스트레스를 받는 일이 없더라도 음악을 들으면 스트레스 대응시스템의 과도한 가동을 막아서 스트레스 상황을 덜 힘들고 수월하게 넘길 수 있으므로 평소에 음악을 자주 듣는 것이 좋다. 이때 배우자와 함께 들으면 더 효과가 좋다.** 저녁 시간 부부가 손을 잡거나 어깨에 기대어 좋아하는 음악을 함께 들을 때 스트레스 예방 효과가 가장 뛰어나다.

태교 프로젝트 5

## 부부가 함께 자장가 부르기

스트레스의 강도가 높지 않을 때는 음악을 듣는 것만으로도 스트레스 감소 효과가 있지만, 높은 강도의 스트레스 상황에서는 음악을 듣더라도 큰 도움을 기대하긴 어렵다. 불안감이 높은 사람에게도 수동적인 음악감상은 큰 도움이 안 된다. 이런 경우 앞에서 설명했듯이 그냥 음악을 듣는 것보다 누군가와 '함께' 노래를 부르는 게 더 의미가 있다.

**함께 노래 부르기는 다른 어떤 행위보다도 유대관계를 강화하고, 스트레스를 줄여줄 뿐만 아니라 부부관계에도 긍정적 영향을 끼치기 때문에 최고의 태교 방법**이라 할 수 있다. 부부가 함께 부르기만 하면 어떤 노래든지 상관없지만, 개인적으로 자장가를 적극 추천한다. 자장가는 다른 노래에 비해 반복이 많아 따라 부르기에 좋고, 예측하기 쉬운 리듬이라 엔도르핀이 관여해 음악의 즐거움을 느끼게 해주기 때문이다.

자장가를 부르면 마음이 편안해지고, 아기와의 애착관계도 잘 형성된다. 임신 24주 차부터 출산한 지 3개월 된 168명의 여성을 두 그룹으로 나눠 한쪽만 자장가를 부르게 한 뒤 두 그룹 간의 차이를 조사했다. 그 결과 자장가를 부른 그룹에서만 엄마의 스트레스가 크게 줄어들었고, 아기와의 애착도 강화됐으며, 아기가 우는 횟수와 영아산통도 훨씬 적었고, 울 때 달래기도 쉬웠다.

수많은 자장가가 있고, 태교음악 플레이리스트에도 꽤 여러 곡의 자장가 들어있지만, 음악의 힐링 효과에 유념해서 임산부의 스트레스를 줄여주고 아기의 두뇌발달에 좋은 자장가 한 곡을 만들었다.

〈밤하늘의 자장가〉를 듣고 화음에 맞춰 남편과 함께 따라 불러보자. 단순히 음악을 들을 때와는 차원이 다른 효과를 경험하게 될 것이다.

노래   테너 진성원   뮤지컬 배우 이은지
연주   Ensemble Pugnus
       바이올린 곽은수   비올라 소현진   첼로 김수아
       피아노 송민경
       플루트 조용상

♬ 밤하늘의 자장가

# 밤하늘의 자장가

작사·작곡 조용상

# 태교음악
# 플레이리스트
# 100

태교 기간 어떤 음악을 들어야 할지 고민인 이들을 위해

클래식부터 영화음악, 팝, 재즈에 이르기까지

다양한 장르의 음악 100곡을 엄선해 준비했다.

이렇게 많은 음악을 언제 듣나 하고 부담을 가질 필요는 없다.

편하게 듣고 싶은 곡을 골라 들어도 되고

평소 즐겨듣는 음악이 있다면 굳이 여기 있는 음악을 듣지 않아도 괜찮다.

플레이리스트를 보면 아직 국내에 널리 알려지지 않은 곡들이 많아

상당수의 음악이 생소할 것이다.

아직 가보지 않은 곳을 여행하는 기분으로

어떤 음악일지 기대하며 음악을 들어보는 것도 좋겠다.

여기에 나온 추천 음악을 참고해서

나만의 태교 음악 리스트를 만들어 매일 부부가 함께 듣는다면

음악이 주는 즐거움과 놀라운 태교 효과를 동시에 누릴 수 있을 것이다.

1. Christopher Tin, 'Flocks a mile wide'

2. Bjørn WW Jørgensen, 'Vespere cogitata'

3. New Christi Minstrels, 'Today'

4. Alexander Voormolen, 'Baron hop suite no. 2: III. Air'

5. John Bayless, 'Your song'

6. John Bayless, 'Can you feel the love tonight'

7. John Bayless, 'Medley: prelude/intermezzo (from Cavalleria Rusticana)/musica d'amore'

8. Alexey Shor, 'Seascapes for viola & orchestra: II. lonely sail'

9. The Swingle Singers, 'Un'aura amorosa' (W. A Mozart)

10. The Swingle Singers, 'Soave sia il vento' (W. A Mozart)

11. The Swingle Singers, 'Marrying for love – the girl that I marry'

12. The Swingle Singers, 'Liebster Jesu, wir sind hier, BWV 731' (J.S. Bach)

13. Ronald Binge, 'The watermill'

14. Eric Whitacre, 'The seal lullaby'

15. James Galway, 'Gabriel's oboe'

16. James Galway, 'Like a sad song'

17. James Galway & Phil Coulter, 'Lament for the wild geese'

18. Dan Gibson, 'Forest cello'

19. Rondo' Veneziano, 'Reverie'

20. Rondo' Veneziano, 'Crepuscolo'

21. Rondo' Veneziano, 'Cattedrali'

22. John Bruning, 'Romance no. 1' (Xuefei Yang 기타)

23. John Bruning, 'Romance no. 3' (Xuefei Yang 기타)

24. Patrick Hawes, 'Quanta qualia'

25. Sergei Taneyev, 'Adagio in C major'

26. Paul Carr, 'Air for strings'

27. Reynaldo Hahn, 'a Chloris' (arr. for cello & piano, Andrew Joyce 첼로)

28. Vitezslav Novak, '"At church" from the Slovak Suite'

29. King's Singers, 'Theme from "Mahogany"'

30. King's Singers, 'When she loved me'

31. Saint-Preux, 'Le reve'

32. Philip Lane, 'Suite of Cotswold folk dances: II. Constant Billy'

33. Aage Kvalbein & Iver Kleive, 'Julemeditasjoner: largo'

34. Jean-Baptiste Loeillet, 'Recorder sonata in C, op. 3, no.1: I. largo cantabile'

35. Yo-Yo Ma, 'Lady Caliph: dinner'(Ennio Morricone)

36. Domenico Zipoli, 'Adagio per oboe, cello, organo e orchestra'

37. The Hawaiian Rainbow Singers, 'Kaleohano'

38. Matthias Georg Monn, 'Cello concerto in g: II. adagio'

39. Hagood Hardy, 'Anne's theme'

40. Franz Biebl, 'Ave Maria'(Voces8)

41. John Rutter, 'Suite lyrique: aria'(Catrin Finch 하프)

42. Jean-Philippe Rameau, 'Fanfarinette' (Bob James 신디사이저)

43. Domenico Scarlatti, 'Keyboard sonata in A, K.208/L.238/P.315' (박지형 기타)

44. George Enescu, 'Andantino'

45. François Francoeur, 'Cello sonata in E: I. adagio cantabile'

46. Acoustic Cafe, 'Eternity'

47. Ditters von Dittersdorf, 'Double bass concerto no. 2 in E: II. adagio'

48. Les petits chanteurs de Saint-Marc, 'Le temps des images'

49. Peter Warlock, 'Capriol suite: V. Pied-en-l'air'

50. Baldassare Galuppi, 'Piano sonata no. 29 in G: I. larghetto'

51. Baldassare Galuppi, 'Piano sonata no. 23 in B♭: I. lento espressivo'

52. Giuseppe Tartini, 'Concerto for trumpet & orchestra in D: II. andante'

53. Albert Ketèlbey, 'Sanctuary of the heart'

54. Keith Jarret, 'My wild Irish rose'

55. G.F. Handel, 'Eternal source of light divine, HWV 74' (소프라노 Elin Manahan Thomas/Crispian Steele-Perkin 트럼펫)

56. Hymne des Fraternises: I'm dreaming of home, 'Joyeux Noël'

57. G. F. Handel, 'Oboe concerto no.2 in B$^b$, HWV 302a: III. andante'

58. Oshio Kotaro, 'Earth angel'

59. Peter Stromness, 'Farewell to Stromness'

60. Aleya Dao, 'Angels lullaby'

61. Francesco Geminiani, 'Concerto grosso no.4 in F: I. adagio'

62. Lonnie, 'Angel's lullaby'

63. Tomaso Albinoni, 'Concerto for trumpet & orchestra in d: III. adagio'

64. Sylvius Leopold Weiss, 'Passacaglia in D'

65. Leroy Anderson, 'Forgotten dreams'

66. Morten Lauridsen, 'O magnum mysterium'

67. Jose Mari Chan, 'Empty space'

68. Max Reger, 'Aria op. 103a. no. 3:I. adagissimo'

69. Paul Lewis, 'Rosa mundi'

70. Michael Haydn, 'Notturno in F, P.106: III. adagio'

71. Angelica Mia Margaret & Sal Rachele, 'Lullaby minuet'

72. Vaughan Williams, 'Prelude founded on a Welsh hymn tune Rhosymedre'

73. Andrea Caporale, 'Cello sonata no. 3 in D: I. adagio eduardo ancor'

74. Brothers Four, 'Come to my bedside, my darlin'

75. Alfredo Catalani, 'Contemplazione'

76. Tomas Tallis, 'If ye love me'

77. Herbert Spencer, 'Underneath the stars'

78. Karl Jenkin, 'Gloria – II. the prayer: Laudamus te'

79. Robert Schumann, 'Piano quartet in Eb: III. andante cantabile'

80. Heinrich Baerman, 'Clarinet quintet no. 3 in $E^b$ op.23: II. adagio'

81. Howard Goodall, 'Shackleton's cross'

82. Nigel Hess, 'Concerto for piano & orchestra :II. the love'

83. 조수미, 'Your love' (Ennio Morricone)

84. Patrick Doyle, 'My father's favourite'

85. John Garth, 'Cello concerto in G, op. 1, no. 6: II. siciliana'

86. Cecil Gibbs, 'Dusk'

87. Giovanni Platti, 'Concerto grosso no. 10 in F: I. preludio'

88. Max Bruch, 'Canzone, op. 55'

89. Charles Villiers Stanford, 'The blue bird'

90. George Martin, 'Three American sketches: II. old Boston'

91. Craig Armstrong, 'Balcony scene'

92. J.S. Bach, 'Trio sonatas for organ no. 2 in c, BWV 526: II. largo' (Trio SR9 마림바)

93. Josef Haydn, 'Keyboard concerto in F, Hob. XVIII:3: II. largo'

94. Harold Mabern Quartet, 'It only hurts when I smile'

95. Christobal de Morales, 'Parce mihi domine' (The Hilliard Ensemble)

96. Carl Zeller, 'Der Vogelhändler: Schenkt man sich Rosen in Tirol' (Fritz Wunderlich)

97. Emil von Sauer, 'Piano concerto no. 1 in e: III. cavatina, larghetto amoroso'

98. Joachim Raff, 'Evening rhapsody'

99. Gustav Mahler, 'Symphony no. 5 in C#: IV. adagietto' (Kaori Muraji 기타)

100. Gerald Finzi, 'Eclogue, op. 10'

# 참고문헌

## 1장

1 Washington Post article. (1983). 'The world according to the unborn...and after.' https://www.washingtonpost.com/archive/lifestyle/1983/01/10/the-world-according-to-the-unborn-and-after/9e72ea9a-cebe-4187-9772-bcd238a69f04/

2 Harlow, H., (1959). Love in infant monkeys. Sci Am. 200(6): 68-75.

3 Harlow, H., Zimmermann, R. (1958). The development of affectional responses in infant monkeys. Proc Am Philos Soc. 102(5):501-09.

4 McNamara, J., et al. (2019). A systematic review of maternal wellbeing and its relationship with maternal fetal attachment and early postpartum bonding. PLoS ONE. 14(7):e220032.

5 Branjerdporn, G., et al. (2017). Associations between maternal-foetal attachment and infant development outcomes: a systematic review. Matern Child Health J. 21:540-53.

6 Mahmoudi, P., et al. (2020). Effect of maternal-fetal/neonatal attachment interventions on perinatal anxiety and depression: a narrative review. J Nurs Midwifery Sci. 7(2):126-35.

7 Albers, E., et al. (2007). Maternal behavior predicts infant    cortisol recovery from a mild everyday stressor. J Child Psychol Psyc. 49(1):97-103.

8 Dykes, K., Stjernqvist, K. (2001). The importance of ultrasound to first-time mothers' thoughts about their unborn child. J Repro Infant Psychol. 19(2):95-104.

9 Schore, A, (2001). Effects of a secure attachment relationship on right brain development, affect regulation, and infant mental health. Infant Ment Health J. 22(1-2):7-66.

10 Wirth, F. (2001). Prenatal parenting: the complete psychological and spiritual guide to loving your unborn child. New York: Harper Collins.

11 Hubel, et al. (1982). Evolution of ideas on the primary visual cortex, 1955-1978: a biased historical account. Biosci Rep. 2(7):435-69.

12 Vanderah, T., Gould, D. (2016). Nolte's the human brain: an introduction to its functional anatomy. Philadelphia: Elsevier.

13 Martini, F. (Ed.). (2001). Fundamentals of anatomy & physiology (5 Ed.). Upper Saddle River, New Jersey: Prentice-Hall, Inc.

14 Marin, M., et al. (2015). Two-day-old newborn infants recognise their mother by her axillary odour. Acta Paediatrica. 104(3):237-40.

15 MacFarlane, A. (1977). The psychology of childbirth. Cambridge: Harvard University Press.

16 Salk, L. (1973). The role of the heartbeat in the relations between mother and infant. Sci Am. 228(5):24-9.

17 Sakata, K. (2014) Brain-derived neurotrophic factor for depression therapeutics. Austin J Pharmacol Ther. 2: 1-10.

18 Noriuchi, M., et al. (2008). The functional neuroanatomy of maternal love: mother's response to infant's attachment behaviors. Biol Psychiatry. 63:415-23.

19 국립부곡병원. 중독과 보상회로https://www.bgnmh.go.kr:2448/checkmehealme/bbs/bbsView.xx?catNo=14&idx=39.

20 Bartels, A., Zeki, S. (2004). The neural correlates of maternal and romantic love. NeuroImage. 21:1155-66.

21 Lenzi, D., et al. (2009). Neural basis of maternal communication and emotional expression processing during infant preverbal stage. Cereb Cortex. 19:1124-33.

22 Vinopal, L. (2018). What age children are the cutest, acording to science. Fatherly. (https://www.fatherly.com/health-science/cutest-age-children-science/)

## 2장

23 Xue, W., et al. (2018). Father's involvement druing pregnancy and childbirth: an integrative literature review. Midwifery. 62:135-45.

24 Deave, T., Johnson, D. (2008). The transition to parenthood: what does it mean

for fathers? J Adv Nurs. 63(6):626-33.

25  Fletcher, R., et al. (2014). A father's prenatal relationship with 'their' baby and 'her' pregnancy – implications for antenatal education. I Journal Birth Parent Edu. 1(3):23-7.

26  Giourou, E., et al. (2018). Physiological basis of the Couvade syndrome and peripartum onset of bipolar disorder in a man: a case report and a brief review of the literature. Front Psychiatry. 9(509):1-5.

27  Letourneau, N., et al. (2012). Postpartum depression is a family affair: addressing the impact on mothers, fathers, and children. Issues Ment Health Nurs. 33:445-57.

28  Akbarzade, M., et al. (2014). The effect of fathers' training regarding attachment skills on maternal-fetal attachments among primigravida women: a randomized controlled trial. Int J Community Based Nurs Midwifery. 2(4):259-67.

29  Salehi, K., et al. (2019). Effect of attachment-based interventions on prenatal attachment: a protocol for sytematic review. Reprod Health. 16:42-6.

30  Finnbogadóttir, H., et al. (2003). Expectant first-time father's experiences of pregnancy. Midwifery. 19:96-105.

31  코야마 요시노리 외. (2014). 한국과 일본 취업모의 직무 및 육아 스트레스가 양육행동에 미치는 영향. 한국학교보건교육학회지 15(1):89-103.

32  조선일보 기사. (2021. 12. 21). '임신ㆍ육아 스트레스… 엄마 열명 중 세명 "자살ㆍ자해 생각."

33  https://www.chosun.com/national/welfare-medical/2021/02/12/RU2S36PUGRBRVEFOBEWCRO6T6Q/

34  최경일. (2019). 영유아 자녀를 둔 부부의 양육 스트레스가 결혼만족에 미치는 영향 분석: 자기-상대방 효과 모델(ATM) 활용. 디지털융복합연구. 17(5):417-24.

35  정미라 외. (2012). 임신기 부부의 부부관계 질과 태아애착의 관계. 대한가정학회지. 50(4):1-11.

36  Fletcher, R., et al. (2014). Engaging fathers: evidence review. Canberra: Australian Research Alliance for Children and Youth

37  Fletcher, R., et al. (2006). Addressing depression and anxiety among new fathers. Med J Aust. 185(8):461-63.

38  McNamara, J., et al. (2019). A systematic review of maternal wellbeing and its

relationship with maternal fetal attachment and early postpartum bonding. PLoS ONE. 14(7):e220032.

## 3장

39 Chen, C. (2017). Psychology for pregnancy. London: Brain & Life Publishing.

40 Lederman, S., et al. (2004). The effects of the World Trade Center event on birth outcomes among term deliveries at three lower Manhattan hospitals. Environ Health Perspect. 112(17):1772-78.

41 통계청. (2019). 2018년 출생 통계(확정).

42 통계청. (2022). 2021년 혼인 · 이혼 통계

43 Dunkel-Schetter, C., (2011) Psychological science on pregnancy: stress processes, biopsychosocial models, and emerging research issues. Ann Rev Psychol. 62(2):531-58.

44 Hack, M., et al. (1995). Long-term developmental outcomes of low birth weight infants. Future Child. 5(1):176-96.

45 Spittle, A., Orton, J. (2014). Cerebral palsy and developmental coordination disorder in children born preterm. Semin Fetal    Neonatal Med. 19:84-89.

46 Petzoldt, J. (2018). Systematic review on maternal depression  versus anxiety in relation to excessive infant crying: it is all   about the timing. Arch Womens Ment Health. 21:15-30.

47 Beebe, S., et al. (1993). Association of reported infant crying and maternal parenting stress. Clinical Pediatrics. 32:15-19.

48 Bhat, A., et al. (2015). Maternal prenatal psychological distress and temperament in 1-4 month old infants − a study in a non-western population. Infant Behav Dev. 39:35-41

49 Smarius, L., et al. (2017). Excessive infant crying doubles the risk of mood and behavioral problems at age 5: evidence for mediation by maternal characteristics. Eur Child Adolesc Psychiatry. 26:293-302.

50 Wurmser, H., et al. (2006). Association between life stress during pregnancy and infant crying in the first six months postpartum: a prospective longitudinal study. Early Hum Dev. 82(5):341-9.

51 Mulder, E., et al. (2002). Prenatal maternal stress: effects on pregnancy and the unborn child. Early Hum Dev. 70(1-2):3-14.

52 Van den Bergh, B., Marcoen, A. (2004). High antenatal maternal anxiety is related to ADHD symptoms, externalizing problems and anxiety in 8-and 9-year olds. Child Dev. 75(4):1085-97.

53 Kinney, D., et al. (2008). Autism prevalence following prenatal exposure to hurricanes and tropical storms in Louisiana. J Autism Dev Disord. 38:481-88.

54 Corbett, B., et al. (2006). Cortisol circadian rhythms and response to stress in children with autism. Psyhoneuroendocrinology. 31(1):59-68.

55 Talge, N., et al. (2007). Antenatal maternal stress and long-term effects on child neurodevelopment: how and why?. J Child Psychol 48:245-61.

56 Ronald, A., et al. (2011). Prenatal maternal stress associated with ADHD and autistic traits in early childhood. Front Psychol. 19(1):223.

57 Brown, D., et al. (2012). Childhood residential mobility and health in late adolescence and adulthood: findings from the west of Scotland twenty-07 study. J Epidemiol Community Health. 66:942-50.

58 Khashan, A., et al. (2008). Higher risk of offspring schizophrenia following antenatal maternal exposure to severe adverse life events. Gen Psychiatry. 65(2):146-52.

59 방송통신위원회. (2018). 2018 방송 매체 이용행태 조사.

60 Szabo, A., Hopkinson, K. (2007). Negative psychological effects of watching the news in the television: relaxation or another intervention may be need to buffer them! Int J Behav Med. 14(2):57-62.

61 Johnston, W., Davey, G. (1997). The psychological impact of negative TV news bulletins: the catastrophizing of personal worries. Br J Psychol. 88:85-91.

62 25. Hou, Q., et al. (2018). The associations between maternal lifestyles and antenatal stress and anxiety in Chinese pregnant women: a cross-sectional study. Sci Rep. 8:10771.

63 현대경제연구원. (2019). 커피산업의 5가지 트렌드 변화와 전망.

64 Greenwood, D., et al. (2014). Caffeine intake during pregnancy and adverse birth outcomes: a systematic review and dose-response meta-analysis. Eur J Epidemiol. 29:725-34.

65 Armfield, J., Heaton, L. (2013). Management of fear and anxiety in the dental

clinic: a review. Aust Dent J. 58:390-407.

66 Coe, C., et al. (2003). Prenatal stress diminishes neurogenesis in the dentate gyrus of juvenile rhesus monkeys. Biol Psychiatry. 54(10):1025-34.

67 Weinstock, M. (2008). The long-term behavioural consequences of prenatal stress. Neurosci Biobehav Rev. 32:1073-86.

68 O'Donnel, K., et al. (2009). Prenatal stress and neurodevelopment of the child: focus on the HPA axis and role of the placenta. Dev Neurosci. 31:285-92.

69 Lobel, M. (2008). Pregnancy-specific stress, prenatal health behaviors and birth outcomes. Health Psychol. 27(5):604-15.

70 Kramer, M., et al. (2013). Maternal stress/distress, hormonal pathways and spontaneous preterm birth. Paediatr Perinat Epidemiol. 27(3):237-46.

71 Storksen, H., et al. (2011). Fear of childbirth; the relation to anxiety and depression. Acta Obstetricia et Gynecologica Scandinavica. 91:237-42.

72 Biswas, C (Ed.). (2016). The pregnancy encyclopedia. London: Dorling Kindersley Limited.

73 Medina, J. (2014). Brain rules for baby. Seattle Pear Press.

74 보건복지부, 질병관리청. (2020). 2019 국민건강통계.

75 Liu, Y., et al. (2015). Effects of music listening on stress, anxiety, and sleep quality for sleep-disturbed pregnant women. Women & Health. 56(3):296-311.

76 Lee, K., et al. (2000). Parity and sleep patterns during and after pregnancy. Obstet Gynecol. 95:14-8.

77 Sadock, B. (2015). Kaplan & Sadock's synopsis of psychiatry: behavioral sciences/clinical psychiatry. Kentucky: Wolters Kluwer.

78 김영란 (2016). 우리나라 임부의 임신스트레스 측정도구 개발. 서울대학교 박사 학위 논문.

## 4장

79 Cole S., et al. (2007). Social regulation of gene expression in human leukocytes. Genome Biol. https://doi.org/10.1186/gb-2007-8-9-r189.

80 Yorks, D., et al. (2017). Effects of group fitness classes on stress and quality of life of medical students. J Am Med Assoc. 1(117):17-25.

81 Kendler, K., et al. (2003). Life event dimensions of loss, humiliation, entrapment, and danger in the prediction of onsets of major depression and generalized anxiety. Arch Gen Psychiatry. 60:789-96.

82 Hanson, B., et al. (1989). Social network and social support influence mortality in elderly men. The prospective population study of "Men born in 1914," Malmö, Sweden. Am J Epidemiol. 130(1):100-11.

83 American Psychological Association. (2007). APA Dictionary of psychology. 보건복지부, 질병관리본부. (2019). 국민건강통계. 국민건강영양조사 제8기 1차년도.

84 Stahn, A., et al. (2019). Brain changes in response to long antarctic expeditions. N Engl J Med. 381:2273-75.

85 Pond, R., et al. (2014). Social pain and the brain: how insights from neuroimaging advance the study of social rejection and variants of normal. http://dx.doi.org/10.5772/31141

86 Eisenberger, N. (2012). The pain of social disconnection: examining the shared neural underpinnings of physical and social pain. Nat Rev Neurosci. 13:421-34

87 Kross, E., et al. (2011). Social rejection shares somatosensory representations with physical pain. Proc Nat Acadof Sci of U. S. A., 108(15):6270-75.

88 Slavich, G., et al. (2010). Black sheep get the blues: a psychobiolgical model of social rejection and depression. Neurosci Biobehav Rev. 35:39-45.

89 Baker, B., et al. (2013). Competence and responsiveness in mothers of late preterm infants versus term infants. J Obstet Gynecol & Neonatal Nurs. 42(3):301-10.

90 Collins, N., et al. (1993). Social support in pregnancy: psychosocial correlates of birth outcomes and postpartum depression. J Pers Soc Psychol. 65:1243-58.

91 한겨레 신문. (2021). "36.8% '코로나 블루' 호소...OECD 중 한국이 최다

92 https://www.hani.co.kr/arti/economy/economy_general/995688.html

93 BabyCenter. (2011). 21st century mum report. https://www.investegate.co.uk/babycenter/rns/babycentre-s—2011-21st-century-mum-report-/201109221000571560/

94  McDaniel, B., et al. (2011). New mothers and media use: associations between blogging, social networking, and maternal well-being. Matern Child Health J. 16(7):1509-17.

95  Zak, P. et al. (2007). Oxytocin increases generosity in humans. PLoS One. 2(11), e1128. doi:10.1371/journal.pone.0001128.

96  Ditzen, B., et al. (2007). Effects of different kinds of couple interaction on cortisol and heart rate responses to stress in women. Psychoneuroendocrinology. 32(5):565-74.

97  Field, T., et al. (1999). Pregnant women benefit from massage therapy. J Psychosom Obstet Gynaecol. 20:31-8.

98  Latifses, V., et al. (2005). Fathers massaging and relaxing their pregnant wives lowered anxiety and facilitated marital adjustment. J Bodyw and Mov Ther. 9L272-82.

99  Kroelinger, C., Oths, K. (2000). Partner support and pregnancy wantedness. Birth. 27(2):112-9.

100  Styron, W. (1992). Darkness visible. New York: Vintage Books.

101  Koelsch, S. (2009). A neuroscientific perspective on music therapy. Ann N Y Acad of Sci. 1169:374-84.

102  Karageorghis, C. (2017). Applying music in exercise and sport. Champaign, IL.: Hum Kinet.

103  Daley, J. (2019). Scientists played music to cheese as it aged. Hip-hop produced the funkiest flavor. Smithsonian Magazine. https://www.smithsonianmag.com/smart-news/hip-hop-and-mozart-improve-flavor-swiss-cheese-180971721/

104  de Witt, M., et al. (2020). Effects of music interventions on stress-related outcomes: a systematic review and two meta-analysis. Health Psychol Rev. 14(2):294-324.

105  Solanki, M., et al. (2012). Music as a therapy: role in psychiatry. Asian J Psychiatr. 6:193-99.

106  Yehuda, N. (2011). Music and stress. J Adult Dev. 18:85-94.

107  Viding, C., et al. (2003). Does singing promote well-being?: an empirical study of professional and amateur singers during a singing lesson. Integr Physiol & Behav Sci. 38(1):65-71.

108 Nummenmaa, L, et al. (2021). Social pleasures of music. Curr Opin Behav Sci. 39:196-202.

109 Boar, D., Abubakar, A. (2014). Music listening in families and peer groups: benefits for young people's social cohesion and emotional well-being across four cultures. Front Psychol. 5:1-15.

110 Linnemann, A., et al. (2016). The stress-reducing effect of music listening varies depending on social context. Psychoneuroendocrinology. 72:97-105.

111 Juslin, P., Västfjäll, D. 2008). Emotional responses to music: the need to consider underlying mechanisms. Behav Brain Sci. 31:559-621.

112 Tarr, B., et al. (2014). Music and social bonding: "self-other" merging and neurohormonal mechanisms. Front Psychol. 5:1096. https://doi.org/10.3389/fpsyg.2014.01096.

113 Liu, Y., et al. (2015). Effects of music listening on stress, anxiety, and sleep quality for sleep-disturbed pregnant women. Women & Health. 56(3):1-16.

114 Ventura, T., et al. (2013). Health benefits for the mother and child from music intervention in pregnancy. In Simon, P., Szabo, T. (Eds). Music: social impacts, health benefits and perspectives (P. 217-32). New York: Nova Science Publishers.

115 Khalfa, S., et al. (2005). Brain regions involved in the recognition of happines and sadness in music. Neuroreport. 16(18):1981-4

116 Jiang, J., et al. (2016). The mechanism of music for reducing psychological stress: music preference as a mediator. Art Psychol. 48:82-8.

117 Mueller, K., et al. (2015). Investigating the dynamics of the brain response to music: a central role of the ventral striatum/nucleus accumbens. NeuroImage. 116:68-79.

118 Stewart, N., Lonsdale, A. (2016). It's better together: the psychological benefits of singing in a choir. Psychol Music. 44:1240-54.

119 Hui, H., et al. (2021). The effect of prenatal music therapy on fetal and neonatal status: a systematic review and meta-analysis. Complement Ther Medi. 60:102756.

120 Pearce, E., et al. (2015). The ice-breaker effect: singing mediates fast social bonding. Royal Soc Open Sci. 2:150221.

121 Kreutz, G., et al. (2005). Effects of choir singing or listening on secretoy

immunoglobulin A, cortisol, and emotional state. J Behav Med. 27:623-35.

122 Beck, R., et al. (2006). Supporting the health of college solo singers: the relationship of positive emotions and stress to changes in slaivary IgA and cortisol during singing. J Learn through Art. 2(1).

123 Wulff, V., et al. (2021). The effects of a music and singing intervention during pregnancy on maternal well-being and mother-infant bonding: a randomised, controlled study. Arch Gynecol Obstet. 303:69-83.

124 Graven, S., Browne, J. (2008). Auditory development in the fetus and infant. Newborn Infant Nurs Rev. 8(4):187-93.

125 Mampe, B., et al. (1994). Newborns' cry melody is shaped by their native language. Curr Biol. 19(23):1994-7.

126 Fancourt, D., Perkins, R. (2018). Could listening to music during pergnancy be protective against postnatal depression and poor wellbeing post birth? Longitudinal associations from a preliminary prospective cohort study. BMJ Open. 8(7):e021251.

127 Persico, G., et al. (2017). Maternal singing of lullabies during preganancy and after birth: effects on mother-infant bonding and on newborns' behavior. Concurrent cohort study. Women Birth. 30:e214-20.

128 Carolan, M., et al. (2010). The limerick lullaby project: an intervention to relieve prenatal stress. Midwifery. 28:173-80.

129 Iwagana, M., Moroki, Y. (1999). Subjective and physiological responses to music stimuli controlled over activity and preference. J Music Ther. 36:26-38.

130 Merker, B., et al. (2009). On the role and origin of isochrony in human rhythmic entrainment. Cortex. 45:4-17.

131 Thaut, M., Davis, W. (1993). The influence of subject-selected versus experimenter-chosen music on affect, anxiety, and relaxation. J Music Ther. 30(4):210-23.

132 보건복지부, 질병관리청. (2020). 2019 국민건강통계.

133 Zschucke, E., et al. (2014). The stress-buffering effect of acute exercise: evidence for HPA axis negative feedback. Psychoneuroendocrinology. 51:414-25.

134 Martikainen, S., et al. (2013). Higher levels of physical activity with lower hypthalamus-pituitary-adrenocortical axis reactivity to psychosocial stress in

children. J Clin Endocr Metab. 98(4):E619-27.

135 Haaren, B., et al. (2016). Does a 20-week aerobic exercise training programme increase our capabilities to buffer real-life stressors? A randomized, controlled trial using ambulatory assessment. Eur J Appl Physiol. 116:383-94.

136 Fahami, F, et al. (2018). The relationship between psychological wellbeing and body image in pregnant women. Iran J Nurs Midwifery Res. 23:167-71.

137 Goodwin, A., et al. (2000). Body image and psychological well-being in pregnancy. A comparison of exercisers and non-exercisers. Australian and N Z J Obstet Gynaecol. 40(4):442-47.

138 Garrusi, B., et al. (2013). The relationship of body image with depression and self-esteem in pregnant women. J Health Dev. 2:117-27.

139 Boscaglia, N., et al. (2003). Changes in body image satisfaction during pregnancy: a comparison of high exercising and low exercising women. Aust N Z J Obstet Gynaecol. 43:41-5.

140 Oaten, M., Cheng, K. (2006). Longitudinal gains in self-regulation from regular physical exercise. Br J Health Psychol. 11:717-33.

141 Johnson, L., Selland, B. (2017). Examining the link between exercise and marital arguments in clinical couples. Couple Fam Psychol: Res Pract. 6(3):226-34.

142 Clapp, J. (1996). Morphometric and neurodevelopmental outcome at age five years of the offspring of women who continued to exercise regularly throughout pregnancy. J Pediatr. 129:856-63.

143 Ø sterdal, M., et al. (2009). Does leisure time physical activity in early pregnancy protect against pre-eclampsia? Prospective cohort Danish women. Int J Obstet Gynaecol.

144 Connolly, P., et al. (2019). Walking for health during pregnancy: a literature review and consideration for future research. J Sport Health Sci. 8:401-11.

145 Raglin, J., et al. (1995). Twelve month adherence of adults who joined a fitness without a spouse. J Sports Med Phys Fit. 35:206-13.

146 Arnsten, A. (2009). Stress signalling pathways that impair prefrontal cortex structure and function. Nat Rev Neurosci. 10(6):410-22.

147 Calvo, M., Gutierrez-Garcia. (2016). Cognition and stress. In In Fink, G.

(Ed.), Handbook of stress: Vol. 1. stress: concepts, cognition, emotion, and behavior (p.139-44). Elsevier Academic Press..

148 Akbarzade, M., et al. (2013). The effect of fathers' training regarding attachment skills on maternal-fetal attachments among primigravida women a randomized controlled trial. Int J Community Based Nurs Midwifery. 2(4):269-67.

149 Knight, W., et al. (2001). Relaxing music prevents stress-induced increases in subjective anxiety, systolic blood pressure, and heart rate in healthy males and females. J Music Ther. 4:254-72.

150 정사랑 외. (2016). 20대 저체중 한국여성의 건강 및 영양상태: 2010~2012년 국민건강영양조사자료를 이용하여. 한국영양학회. 49(2):99-110.

151 van der Rhee, H., et al. (2016). Regular sun exposure benefits health. Med Hypotheses. 97:34-7.

152 Harb, F., et al. (2015). Lack of exposure to natural light in the workspace is associated with physiological, sleep and depressive symptoms. Chronobiol Int. 32:368-75.

153 Wiltermuth, S., Heath, C. (2009). Synchrony and cooperation. Psychol Sci. 20:1-5.

154 Kinreich, S., et al. (2017). Brain-to-brain synchrony during naturalistic social interactions. Sci Rep. 7:17060. https://doi.org/10.1038/s41598-017-17339-5

155 Caldwell, L. (2005). Leisure and health: why is leisure therapeutic? Br J Guid Couns. 33(1):7-26.

156 Claxton, A., Perry-Jenkins, M. (2008). No fun anymore: leisure and marital quality across the transition to parenthood. J Marriage Fam. 70(1):28-43.

157 문화체육관광부. (2021). 2020 국민여가활동조사.

## 부모는 아기의 뇌 설계자 뇌과학자가 들려주는 편안한 태교의 비밀

글쓴이 | 조용상
펴낸이 | 곽미순   편집 | 박미화   디자인 | 김민서

펴낸곳 | ㈜도서출판 한울림   기획 | 이미혜   편집 | 윤도경 윤소라 이은파 박미화 김주연
디자인 | 김민서 이순영   마케팅 | 공태훈 윤재영   경영지원 | 김영석
출판등록 | 1980년 2월 14일(제2021-000318호)
주소 | 서울특별시 마포구 희우정로16길 21
대표전화 | 02-2635-1400   팩스 | 02-2635-1415
블로그 | blog.naver.com/hanulimkids
페이스북 | www.facebook.com/hanulim   인스타그램 | www.instagram.com/hanulimkids


1판  1쇄 펴냄    2022년 12월 01일
      2쇄 펴냄    2022년 12월 16일
ISBN  978-89-5827-019-5   13590